JN255022

ワインの味の科学

著＝ジェイミー・グッド
訳＝伊藤伸子

目次

はじめに

ワインを1本取り出し栓を開け、グラスに注いで一口する。じっくり味わいながら、感じたことを書きとめる。ワインのテイスティングはこのような流れで行われる。そしてこれは私の主たる生業でもある。仕事ではなくても、たくさんの人が美味しさを求めて同じようにワインを口にするし、ワインが喉を潤す時間は楽しいものだ。では、私たちがテイスティングをしているとき、実のところ何が起こっているのだろうか？　表面的にはすこぶる簡単だ。私たちには味を確かめる舌と匂いを嗅ぎ分ける鼻がある。ワインを飲みながら、この2つの感覚系を働かせてワインに含まれる分子を探し出し、脳で匂いや味として感じているのだ。ところが、このような見方で理解すると、実際に起こっていることがかなり単純化されてしまう。

本書はワインのテイスティングを説明するという体裁をとっているけれども、いわゆるワインの教科書や授業で見聞きするような内容とはかなり切り口が異なる。焦点はワインに当てつつも、もっと広い範囲を視野に入れて、つまりワインを題材にして、私たちが自分の周りの世界を感じ取る方法を追究していく。そのためには幾つかの学問分野を結びつける必要がある。それぞれのレンズを通してこの知的で刺激的な課題に踏み込んでいくつもりだ。生理学、心理学、神経科学、哲学といった世界にも浸ることになるだろう。

ワインは全体で1つの飲み物であり、私たちはワインを全体として味わう。ワインを深く理解したいと思えば、構成成分にまで分解するのが手っ取り早いが、このような分割には心なしか恣意的な要素もつきまとう。私はもう少し全体的な視点から取り組みたい。そもそも私たちはワインを飲みながら1つのまとまった感じを味わっているのであり、幾つかの感覚から入ってくる情報は、私たちがそれと気づかないうちに結びつけられているのである。

私はこのテーマを本にまとめようと数年前から色々調べ始めていたが、拍車がかかってきたここ数ヶ月は自分の探り出したことに驚きを覚えている。どのようにワインを経験するのかという物語は見事なまでに複雑で、内容も豊かだ。また、新たに学んだことで、感覚を

経験するということの本質について疑問も出てきた。

　ワイン業界では、テイスティングは学習によって得ることのできる技術で、習得するうちにワインに対する理解がだんだん深まっていくという暗黙の了解がある。ワインには「真の」解釈というものがあって、最高のテイスターになるほど、その域に近づくと考えられているのだ。もしあなたが、マスター・ソムリエやマスター・オブ・ワインといった資格の取得を目指そうと思ったら、自分よりも経験のある人に教えてもらい、そういった人から試験を課されることになる。そこには次のような前提がある。教えるような立場にある人は経験豊かで、高い専門技能ももっているので、ワインについては正しい。また、あなたがうまくテイスティングできたり、有能なテイスターになったりすれば、ワインの専門家である彼らのついている地位にぐっと近づくだろう、という理解だ。

　優れたテイスターがいるということにも、専門家であってもなくても豊富なワイン経験をしている人がいるということにも私は異議を唱えるつもりはない。けれども、どんなワインについても必ず唯一の真実があって、確固たる解釈があるとは考えていない。何よりもまず、私たちは誰もが皆、生物学的に違う存在。嗅覚や味覚の認識に個人間で差があることも十分に裏付けられている。またワインテイスティングは感性で受け止める行為でもあり、誰もがワインに対して異なる経験や期待を携え、違う立場からワインの味を見る。

　高い評価を受けている雑誌及びウェブサイト「The World of Fine Wine」を見てみるとこの問題がはっきりわかる。各テイスティングにつき、参加者は3人。通常は特定の生産地域を受けもつ専門家が1人、経験豊かなオールラウンドタイプの専門家が2人で、場合によっては、特定の地域の専門家が2人以上いることもある。そして個々のつけた点数とノート、それと全員の分を合わせた点数も公開されるのだけれども、高級で、注目されるワインになるほど点数はほとんど一致しなくなる。どう考えたらよいのだろう？　好みが違うのだろうか？　そう。ある程度はそれで説明できる。というのもテイスターは、自分の好みを極力横に置いておこうとするが、そうそう簡単にはできない。好みと質の理解の区別は、ほとんどのテイスターにとって難題なのだ。とはいえ、区別できると考えてみるのも1つの手

だと思う。

　区別できると考えたとしても、それがワインテイスティングは完全に主観的な行為で、質の評価はまったく恣意的で個人的な見解である、ということを意味するわけではない。ワインテイスティングをするうえで主観か客観かという問題は興味深くかつ重要である。本書でも後半でじっくり掘り下げてみようと思う。

　また、ワインテイスティングの型を現在のように変えて取り入れたワイン業界についても今こそ考えてみることにする。ワインを経験するという行為が、かつて考えられていたよりもずっと豊かで複雑であることや、近年、盛んになっている風味の多感覚知覚を対象にした研究が、テイスターが毎日のようにしている、ワインを味わい感じたままを他の人と共有する作業ともつながっていることについても触れるつもりだ。

　学術研究をたくさん活用した書籍には危険が伴う。堅苦しくて、とっつきにくいと感じる読者もいるかもしれない。本書でもこのような問題が起きるのではなかろうかと気になるので、重苦しくならないよう心がけ、章ごとに一貫性のある話でまとめた。同じ理由から、引用した研究や論文の参照番号は付さなかった。もちろん著者の功績は認めるものの、参照番号は科学色を強めるような気がするし、読者を遠ざけるかもしれないと思うからだ。さらに踏み込みたいという方のためには巻末に参考文献目録をつけた。

　少し別の次元の話になるが、私は一般向けの科学書に見られるある種の確証バイアス（支持する情報のみを集め、反証する情報を無視する傾向）について懸念している。つまり刺激的で人目をひく研究がことのほか注目を集め、おもしろい逸話という名目でデータよりも大きく取り上げられるものもある。学術雑誌で論文を発表することは必ずしもそれが真実であることを意味しない。データが実際に示していることを逸脱してさらに推測を広げる科学者もいる。こういった点には意識して注意を払い、バランスの取れた内容になるよう、できるだけ冷静に見ることを心がけた。

　つい最近、同窓の著名なワインライターとワインの感じ方について話し込む機会があった。熟成するほど甘く感じなくなるという、甘口ワインではおなじみのテーマだった。甘口ワインの糖の濃度は熟成

しても同じままなので、この問題は長い間、説明できないとされてきた。そこで、脳が味や匂いの情報を処理する仕組みと、私たちが気づく前にすでにこの情報が結びつけられる仕組みに基づいて、私は次のような説明をしてみた。若い甘口ワインの香りはとても鮮やかでフルーティーだ。私たちは鼻から得たこの情報を利用して、口の中で経験していることを理解する。つまり舌で味わう甘味に、鼻から入ってきたフルーティーな香りが相まって、実に甘いワインと感じるのである。研究によれば「甘い香り」がすると、しないときよりも砂糖液を甘いと評価するそうだ。実際に、ただ甘い匂いを想像するだけで、甘さの評価が高くなることもある。

　若い甘口ワインも熟成するにつれて、フルーティーな香りが減り、熟成したワインのかもす円熟した美味しい香りが前面に出てくる。このとき、舌で感知する糖の量は同じはずなのに、鼻から受け取る情報が変わったために、あまり甘くないと感じるようになる。すると友人のライターは、何を言っているのという顔をして、「みんなのことを間抜けと思ってるんだね」とつぶやいた。私は答えなかったけれども、実は知覚に関して言うと、私たちは往々にして間抜けである。脳にすっかり騙されて、現実を感じていると信じきっているのだ。脳が感覚情報をどのように処理するかは本書のメインテーマの1つでもある。

　したがって本書ではワインテイスティングを取り上げながら、感じ方そのものの性質も幅広く探ってみる。ワインを味わうことを扱いつつ、一般的な風味の知覚に広く関連付けた話もしてみようと思う。本当にワインを好きな人は他の風味経験にも大きな関心を寄せることが多いが、これは偶然ではない。本書でのワインテイスティングをめぐる旅は、まず共感覚から始めようと思う。共感覚とは、異なる感覚からの情報が入り混じる現象である。たくさんの人が経験するわけではなく、例えば、音を聞いて色が見えたり、色を見て音が聞こえたりする。共感覚をもっていない人でも、異なる感覚でとらえた事物を結びつけるという方法で、共感覚の世界を経験することがある。要するに五感とは、これまで考えられてきたほど単独で別々に機能しているわけではなさそうだ。

赤ワインはどんな味？

視覚や聴覚など、ある感覚で受けた刺激を別の感覚でも感じ取れることがある。この不思議な現象を「共感覚」という。共感覚は奇妙なものなので、言葉ではなかなか説明がつかないが、脳の仕組みを知るための手がかりになる。また共感覚は、ワインの風味を探るためのちょうどよい入り口になるのだ。

感覚の現れ方

神経学者のリチャード・シトーウィックは著書『共感覚者の驚くべき日常』（山下篤子訳、草思社、2002年）の中で、患者の一人であるマイケル・ワトソンの症例を紹介している。ワトソンと近所に住んでいたシトーウィックは、ある日夕食に誘われた。食事の支度をしながらシトーウィックは、ワトソンの「このチキンにはとがりが足りない」という一言で彼が共感覚者だと気付いたという。ワトソンの感じる食べ物の風味にははっきりした形があったのだ。チキンにはとがりがあるはずなのに、あのときは丸かった——ワトソンが言うように、彼が味わう食べ物の風味は形と結びつき、ときには物理的な感覚も伴った。そして物理的な感覚はワインにも同じように当てはまった。「ワインを表現する言葉はばからしく聞こえるね。例えばワインを飲んで『土のようだ』と言う人がいるけど、僕にとってそれは詩的表現ではなく、文字通り土のかたまりを手でにぎっている感じがする、という意味なんだから」とワトソンは語っている。

ショーン・ディはアメリカ共感覚協会の会長であり、共感覚者でもある。彼の場合は生まれつき3種類の共感覚をもっているそうだ。音楽、味、匂いに触れると、形や動き、色も同時に体験するのだという。味やブランドよりも、どちらかというとパッケージの色を重視するらしい。乳製品には青色、コーヒーには濃い緑色、ビーフには濃い青色、チキンには空色を感じるそうだ。

ディは共感覚について幅広く執筆しているが、その中に味と関連した興味深い症例報告がある。ディのイギリス人の友人、ジェー

ムズ・ワナートンは音を聞くと味がする共感覚の持ち主で、いくつかの音声に対応する味があるという。例えば"argue"や"begin"という単語に含まれる「g」の音はヨーグルトの味がして、"super"や"peace"のように「s」と「p」の組み合わせはトマトスープの味がする。ワナートンの共感覚は幼少期に始まったため、言葉に対応する味は子どものころ口にしていた食べ物の味なのだという。

　大多数の人は共感覚をもつ人の経験は想像しにくい。私たちが感覚を総動員して結びつけたとしても、それでわかる程度の感覚ではないのだ。共感覚者の場合、無意識のうちに同時に感覚が混じり合う。つまり自分ではこのような現象をコントロールできず、「本当の」感覚と一緒に別の感覚が間髪入れずに生じるのである。

　ワインのテイスティングについての本でなぜ共感覚を話題にするかというと、共感覚は、私たちが自分の外の世界をどうとらえるのかを知る手がかりとなるからだ。つまり、共感覚を知ることで、私たちがワインをどのように感じているのかが深く理解できるようになるのである。

Banana Trees Road Goat Hat Strawberry

色と言葉の混合

最もよくある共感覚は言葉に関するもので、言葉（＝感覚を誘発する刺激）を受けて色（＝同時に生じる知覚）を感じる。言葉の共感覚をもつに人には、特定の言葉に対して自動的に浮かんでくる色がある。だが、同じ単語を聞いても浮かぶ色は人によって違う

共感覚が本格的な研究対象となったのは、共感覚者の語る体験を診断する方法ができてからのことである。サイモン・バロン＝コーエンらが開発した共感覚診断テスト（Test of Genuineness）のおかげで、この分野の研究が正当なものとして認められるようになった。感覚統合（環境に適応するために複数の感覚情報を脳が無意識に処理する過程）は誰にとっても正常な現象だが、共感覚はそれとは異なる。共感覚の場合、感覚刺激（感覚の誘発原因となるもの）は正常な感覚だけでなく、まったく場違いな感覚も確実に引き起こす。この点がとても重要なのだ。共感覚は60種類ほどあるとされているが、一番よく知られているのは文字や数字に特定の色が見える共感覚である。目や耳から単語が入ると必ず色が見えて、しかも毎回同じ結果が再現される。共感覚をもたない人でも「赤」という単語を見たり聞いたりすると、心の中に赤い物体や赤色そのものを思い浮かべるが、そのような感覚とはまったく違う。共感覚者の場合は特定の言葉によって特定の色が本当に見えるのだ。

共感覚はよくある現象？

　2,000人に1人が共感覚をもつとも言われるが、この数字は実際より少ないというのが大方の見解だ。ディは850人ほどの共感覚者からなるメーリングリストのグループを管理しているが、彼によれば人口の3.7％が何らかの共感覚をもっているそうだ。文字に対する色の共感覚については200人に1人だという研究者もいる。

　最新の脳画像診断技術を使って、共感覚を引き起こすメカニズムがいろいろと研究されている。これまでに出された研究結果をジャン・ミシェル・ユペとミシェル・デュジャットが整理したところ、共感覚に関連した主観的経験や脳の構造的差異に相関した脳活動は解明されていないことがわかった。共感覚に相関した脳活動もまだ確認されていない。

　ユペとデュジャットは、共感覚は神経学的な疾患ではなく、特殊な幼児期記憶かもしれないと考えている。

　彼らの結論については、マーカス・ワトソンらも2014年の論文で支持している。共感覚の発達には学習が影響を及ぼすことを示し

共感覚者は、かつては男性よりも女性の方が多いとされていた。これは、おそらく男性からの報告が少なかったためである。

たのだ。共感覚を引き起こす刺激は、幼児期に習得した複雑な特性をもつもの（文字、音符、数字など）の知覚に関係していることが多く、共感覚と、学習によって得られた誘発原因とのつながりは、気まぐれで生じているわけではないらしい。また共感覚は学習において有用な働きをする。ワトソンらによると、子ども時代に求められる学習に対処する戦略として、共感覚はある程度までは発達する。子どもは共感覚を利用して、学習した分野を認識したり、理解したりするのだ。「共感覚を誘発する刺激と共感覚の経験には構造的類似性があり、それは共感覚が役立ったという過去の学習の名残、言うなれば化石化した痕跡のようなものである」とワトソンらは考える。

誰でも共感覚の持ち主になれる？

　共感覚には遺伝的な要素がある一方、ある種の共感覚は訓練によって習得できるとも言われている。アムステルダム大学のオリンピア・コリゾリの研究によると、訓練をすれば文字や数に色がついて見えるようになる、つまり共感覚を身につけることができるという。ボランティア被験者7人に、特定の文字だけを赤、緑、青、オレンジで色分けした小説を読んでもらった。この訓練の後、共感覚のテストをしたところ、色分けされた小説を読んでいないグループよりもよい結果が得られたことから、共感覚の発達には経験が影響を及ぼしていると考えられる。

　ダニエル・ボルらは2014年、成人の非共感覚者が連合学習（2種の刺激を組み合わせて行われる学習）を通して、共感覚の能力を獲得できるかどうかを確かめる集中訓練プログラムを実施した。適応記憶（生存状況に関連した記憶がよりよく保存される現象）と読書を利用して、13個の文字と色を関連付ける訓練を続けていくと、色字共感覚（文字に色が見える共感覚）に見られる典型的な行動や生理学的特徴が様々な程度で現れた。黒字で書かれた文章を読んでいるのに、特定の文字に色がついて見えたのだ。このような感覚は本物の共感覚者の特徴と考えられる。

　心理学者は共感覚に強い関心を抱いている。共感覚そのものに対する興味からだけでなく、共感覚は知覚に関する難しい問題を解

く手がかりにもなるからだ。その問題の1つが「結びつけ問題」だ。脳内では、様々な感覚に対応する領域が広い範囲に散らばっている。同じ感覚で感じ取っても特徴が違えば別の領域が対応するのだ。例えば視覚の場合、形、動き、色、大きさといった特徴をもつ情報は、まず脳の別々の領域に入る。ところが私たちは、このようにばらばらに散らばった断片的な感覚情報を、ひとまとまりの知覚として経験する。一体どのような仕組みで1つにまとめられるのか、という問いこそが「結びつけ問題」である。

　哲学者のジョナサン・コーエンは、共感覚の感じ方は、正常な感覚の感覚統合（別々の感覚で受け入れた情報を1つに統合すること）とつながっていると考えている。こうしたコーエンの主張の根本には「特徴抽出装置」という概念がある。特徴抽出装置とは、脳が受け取るすべての感覚情報の中から特徴を取り出すために、脳の感覚系が使う手段と考えてよい。正常な感覚の場合、特徴抽出装置は異なる感覚の境界を超えて情報を統合する。例えば誰かの話

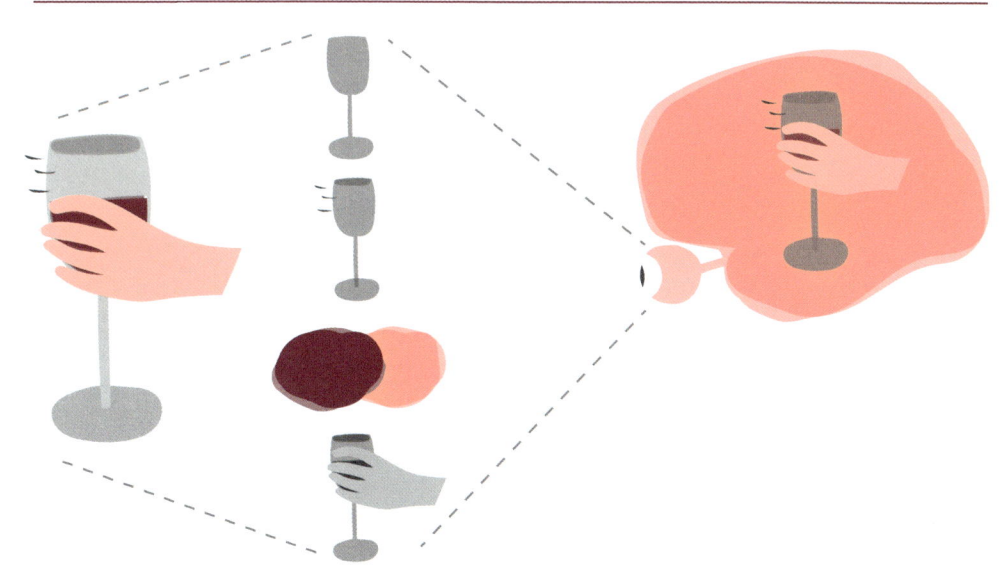

結びつけ問題

1つの感じ方の中には様々な特徴が含まれる。脳の中では特徴ごとに別の領域が対応する。では、それが継ぎ目のないまとまりとして感じられるのはどうしてなのか？　共感覚を手がか

りにすると、例えば形、動き、色、大きさが1つにまとまって見える仕組みを説明できるかもしれない。

を聞くとき、内容を理解するために耳からは声、目からは唇の動きといった特徴を抜き出す（抽出する）のである。

　コーエンによると、彼の命名した「特定の目的用の特徴抽出観点」なるもので正常な感覚をとらえたら、共感覚との違いを大きく膨らませてしまうことになる。そうではなく、正常な感覚は、あらゆる感覚の間で情報を統合したものだと考える。そうすれば共感覚も本来は正常な感覚に似たものとして見ることができる。

　ところがオックスフォード大学のチャールズ・スペンスとオフェリア・デロイは、複数の感覚を統合した感じ方と共感覚の間に一致するところは1つもないと主張する。スペンスとデロイは共感覚を病的な状態だと考えるからだ。共感覚は正常なシステムが作動する仕組みを知る手がかりになる、言ってみれば誤った配線である。病気や機能不全を知ることで、体の仕組みの成り立ちがわかるというわけだ。共感覚は一見するととても奇妙な現象だが、共感覚のおかげで、私たちは周りの世界を高度に編集された状態で経験している、という事実がわかる。私たちの感覚系は目の前にある現実の「型を作っている」ようなものなのだ。有用な情報を抽出して、一番効果的な方法で私たちに示しているのである。

共感覚とワインのテイスティング

　多くの事象は外的刺激の感知と特定の感覚の意識経験との間で生じていることが、共感覚という現象からわかる。脳では、効率を上げるためにたくさんの感覚が自分が気づく前に処理され、異なる感覚から入ってきた多くの情報と結びつけられる。このような機能を「多感覚処理」といい、ワインのテイスティングとも関連している。私たちがワインの「味」と呼んでいるものは、匂い、舌触り、見た目といった複数の感覚情報を組み合わせて処理した多感覚経験なのである。実際、赤ワインのストラクチャーは味わうというより「感じる」にとても近い。このような見た目と味の関係について、ワインを用いて印象的な説明をしたとても有名な論文がある。タイトルは「The Color of Odors（匂いの色）」（2001年）、著者はジル・モロ、フレデリック・ブロシェ、ドゥニ・デュブルデュー。もちろん匂いに色などない

が、このタイトルには、匂いを嗅ぐときには専門家でも見た目に騙されるという意味が込められている。

　実験では54人の被験者に本物の白ワインと赤ワインを評価してもらい、数日後に再び同じ白ワインと、味に影響のない着色料で赤くした、中身は同じ白ワインを評価してもらった。するとおもしろい結果が出た。被験者は本物の赤ワインと、着色して赤くなった白ワインを同じ言葉で表現したのだ。被験者の味と匂いの感じ方は色に影響されていた。ワインをテイスティングする際には思っているよりも多くの情報が目から入ってきているようだ。

　モロらの研究を受けてウェンディー・パーらは、ワインの感じ方に対する色の影響を検討した。パーらがとくに注目したのは、色が誘導するバイアス（他の要因の影響を受けて感じ方が偏ってしまうこと）の違いだった。専門家の嗅覚は自らの知識によって誘導される

数日後

ブロシェの実験

専門家に赤ワインと白ワインの香りを評価してもらい、その数日後にも前回と同じワインを評価してもらった。ただし2回目の「赤」ワインは天然由来の着色料で赤色に着色しておいた白ワインである。すると専門家は赤く着色した白ワインを、赤ワインの香りを表す用語で評価した。この実験結果からワインの感じ方には色が重要な影響を与えることがわかった

が、ワインを評価する作法にあまり慣れていない素人は、はたしてこのようなバイアスを排除できるのかを調べたのだ。

素人の場合、多少はバイアスを排除していたが、それでも赤い色に影響されていた。ただしその影響の受け方は専門家とは違い、かなり適当にテイスティング用語を使っていた。そうした経過を見たパーは「素人はトップダウン処理（もともと持っている知識や経験といった要因に依存した情報処理）によって色の影響を受けた」と考えた。ところが、素人にはそもそもワインをどう評価したらよいのか十分な知識もなければ確信もないため適当な用語を使ったというのが真相のようだ。専門家は不透明なグラスに注がれたワインについては色による誘導がないので素人よりも正確に香りを評価し、逆に素人は視覚的手がかりがないと結果は芳しくなかった。つまり見た目からの情報がない状態では、専門家は事実に誘導される傾向が強く、グラスに入っているワインそのものを評価していたのだ。

過去の経験に基づいて感じ方に偏りが生じると、現実に経験していることを誤って理解する場合がある。たとえばワインの審査をする専門家は、ワインの色やラベルの表示などから期待が膨らみ、実際には存在しない何かを嗅ぐ。パーの実験では色が誤った視覚情報を与えた結果、専門家の判断は偏り、素人は知識がなかったのでこの誤りからは免れた。素人は何を期待したらいいのかよくわかっていなかったのだ。専門家のように色に影響されはしなかったものの、ワインの評価が案外むずかしいことに気づき、結局は振れの大きい判断を下すことになった。専門家による香りの評価は、色による偏りが多少あったとはいえ、かなり正確で一貫性もあった。

ワインの色と期待

オックスフォード大学のチャールズ・スペンスは、風味の特徴や強さに影響を与えるものを研究している。「匂いと味の両方に、赤い色がこれほどまでに強い影響を及ぼす理由の一つは、自然界では1般に赤みは熟した果実の色とされるからだ」。スペンスは、風味の感じ方には言葉の意味と過去の経験が関係していると考える。「よくわからない匂いを嗅いだとき、中身を説明するラベルから沸き起こ

る期待は匂いのとらえ方に重要な役割を果たす」。「驚いたことに専門家はワインの赤い色に影響を受けるとは考えていないようだ。私の見たところでは専門家は完全に騙されていたし、おそらくその影響は素人以上だったと思う」とスペンスは述べている。

スペンスによると、このような複数の感覚は私たちが意識する前に相互に作用している。「それぞれの感覚が絶えず刺激を受けている状態では、脳は負荷を軽くしようとして、見ているもの、聞いているもの、嗅いでいるもの、味わっているものをあらかじめ自動的に結びつけ、統合した結果だけを私たちに気づかせてくれる。したがって複数の感覚を統合したこのような錯覚に対しては、とくに注目するよう仕向ける意識も働かない」。

複数の感覚の関連付けには学習が重要な役割を果たす。そしてこの学習はワインのテイスティングにも関係する。スペンスによると「ワインのテイスティングに関してはこのような研究は見たことがないが、他のものについては、味と匂いが過去の経験によって結びつけられることがわかっている（特定の食べ物や、特定の味と匂いの組み合わせは文化によっても異なるという観点から）」。

色が感覚の判断を歪めるのはワインに限った話ではない。映画『ブリジット・ジョーンズの日記』（2001年）の中に色と風味の関連を描いたおもしろい場面がある。不器用なブリジット（レネー・ゼルウィガー）が友人のために誕生日パーティーの準備をしていたときのこと。ネギのスープを作ることにしたブリジットはネギを紐で縛った。ところが紐の色は青色で、溶け出した顔料によってスープは青色になってしまった。青いスープを出された友人たちは風味を確かめることもなく、誰も手をつけなかった。人間は青い色の食べ物に嫌悪感を覚えるものなのだ。チャールズ・スペンスとベティナ・ピケラス・フィッツマンは著作『The Perfect Meal: The Multisensory Science of Food and Dining（パーフェクトミール：多感覚の科学で考える食べ物）』（2014年、未邦訳）の中で、色を変えた照明の下でステーキを食べる実験を紹介している。食事の途中で照明を普通の色に切り替えると、被験者が食べていたステーキは青色だったという実験だ。結果ははっきりしていた。それまで美味しく食べていたのに不味いと思い始め、中には吐き気を催す人もいたという。

スペンスらの本を読むと、風味には色とのつながりがあることがわかる。赤はとても重要な色で、おそらく熟した果物の色だからである（白や緑の果物は熟すと赤に変わる。したがって同じ食べ物でも赤みを強くするほど甘味を感じるようになる。

　青色の食べ物は嫌がられるし、天然ではめったに見られない。だがおもしろいことに、薬やラズベリーフレーバーのジュースには青く着色されたものもある。ジュースの場合は、おそらく赤系統の色は似たような他の果物によく使われるから避けられたのだろう。青色は炭酸入り低アルコール飲料やエナジードリンクでも見られる。あんなに嫌がられる色だというのに。

　ここまでの話から、匂いと味と色には、私たちが思っている以上に深いつながりがあることがわかったのだが、実はそんなに驚くことではない。というのも、目の前にある物体があったら私たちは匂いを嗅ぐ前に、たいていまず目を使う。よく見てから、他の感覚で確認する。持ち上げたり、触ったりしてから、匂いを嗅ぐ。食べ物の場合は口に入れる前に匂いを嗅ぐので、味と匂いを同時に感じることになる。匂いを嗅ぐときに見た目の情報も重要な役割を果たすことは、tip-of-the-nose現象（馴染みのある匂いだとわかっているのに、言葉ではなかなか言い当てられない現象）の根拠でもある。匂いと見た目と言葉は一緒になって心に刻まれているため、匂いを嗅いだだけではなかなか言葉が出てこないということなのだろうか？

色と匂いのつながり

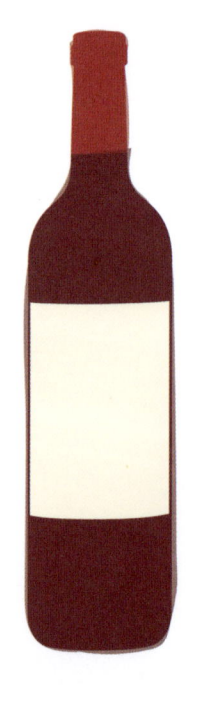

　匂いと色に関する2つのおもしろい実験をまとめた、エイヴリー・ギルバートらの有名な論文（1996年）がある。1つ目の実験では被験者に20種類の匂いを嗅いでもらい、それぞれの特徴を色で表してもらった。するとすべての匂いについて、多くの人が共通する色をあげた。2年後に同じ被験者で追実験をしたところ、結果は同じだった。2つ目の実験では被験者に色のついたチップを渡し、20種類の匂いに合う色を選んでもらった。結果は、13種類の匂いに特有の色を結びつける傾向が見られた。その10年後、エレーナ・マリックらが同様の問題を検討するため、被験者に匂いに一番合う色

を選んでもらったが、彼らの選んだ匂いと色の組み合わせも共通していたのだ。次に匂いと色のつながりの強さを調べる実験を行った。無作為に選んだ匂いと色の組み合わせを見せて、反応する時間を計ったところ、匂いと色のつながりが強い組み合わせほど速くかつ正確に反応した。

　ジェイ・ゴットフリードとレイ・ドーランの研究（2003年）によると、写真と一致する匂いを嗅ぐ場合、目から入ってくる情報が匂いを突き止める手がかりになるそうだ。たとえばバスの写真を見ながらディーゼル燃料の匂いを嗅ぐと、写真がないときよりも早く匂いの正体がわかる。ところが魚の写真とケーキの匂いといったように写真と匂いが一致しない場合は匂いを突き止めるまでに時間がかかる。

　一方で、文化はどのように影響するのだろうか？　マリックらは実験を拡大して、フランス人とイギリス人の被験者グループを比較した。結果はかなり一致していた。つまりフランス人とイギリス人の場合は、少なくとも色と匂いのつながりについては同じ傾向があったのだ。ところが、カーメル・レビタンらによる実験では異なる結果が得られた。文化の異なる6つのグループに14種類の匂いを嗅いでもらい、それぞれの匂いに合う色と合わない色を選んでもらったところ、結果は、グループ内では共通していたが、文化間ではかなり差があったのだ。これは食習慣の違いが原因なのだろうか？　あるいは文化の中で香りの果たす役割が違うからなのだろうか？

　風味の感じ方に違いを生むのは食べ物の色だけではない。皿の色の影響も大きい。白い皿で出すと甘味が強くなり、黒い皿だとよりうま味を感じる。赤い皿に盛ると食べる量が減る。照明も食べる量と食べるものに影響を与えるという。濃いコーヒーが好きな人は明るい照明の下では何杯も飲み、薄いコーヒーが好きな人はほの暗い照明の下でたくさんおかわりをする。色と食べ物と飲み物の摂取量については、まったく予想外のおもしろい報告がある。たとえば緑と赤の照明はワインに果実の香りを添える。青い照明の下では食べる量が減る。このような色の影響についてはどう説明したらよいだろう？　私たちは食べ物に対してある決まった見方をもっていて、その期待から外れると食欲を削がれてしまうのではないか、とチャールズ・スペンスは考える。

目から入ってくる情報（見た目）に左右されて、食べ物の好き嫌いが生じる。これは感覚全体がある種のバランスを保とうとしているからだ。明るい照明の下では強い風味の食べ物を好み、ほんのり暗い照明の下ではかすかな風味の食べ物を好むのも、バランスを保とうとした結果なのだ。

緑色の肉を見て嫌な気分になるのはとても自然なことだ。なぜなら肉が腐ると灰色がかった緑色になるからである。青色も同じく嫌がられるが、そもそも食べ物で青色はあまり見かけない。

　青という色を文化や歴史の文脈の中で見るとおもしろいことがわかる。青色が今日のように当たり前に存在しているのは、人類の歴史の中でも最近になってからのことだそうで、古代の言葉には青を意味する単語がないのだ。つまり、当時の人たちは青色を目にしたことがなかったと思われる。ウィリアム・グラッドストン（後のイギリス首相）は著作『Studies on Homer and the Homeric Age（ホメロス及びホメロス時代の研究）』（1858年、未邦訳）の中で、ホメロスの『オデュッセイア』（紀元前8世紀）で色に触れた箇所の数を記しているが、青を表す言葉は1回も出てこなかったという。グラッドストンの発見を受けて言語学者が調べたところ、古代には目で見えるものの中に、青という言葉で表現されるものがなかったという結論が出た。ただし青い染料が存在したエジプトは例外だった。最近の民族誌学研究によると、青を意味する言葉をもたない部族に、青色と緑色の同じ図柄が混ざった中から青色の図柄を選ぶテストをしたところ見分けられなかったという。

　共感覚の中には音と色とのつながりもある。たいていの人は共感覚をもっていないが、ある感覚を使って別の感覚をぶれることなく言い表すことならできるだろうか？　共感覚者が無意識にしていることを、私たちも意識しながらできるということなのだろうか？

　カリフォルニア大学バークレー校のスティーブン・パルマーらは色と音楽の関係を研究する中で、そこに感情が仲介するかを調べた。以前から、異なる種類の感覚は共有している感情を通じて互いに関係していると考えられていた。パルマーは被験者にいろいろな音楽を聴いてもらい、37色の中から曲に一番合うと思う5色を選んでもらった（次に、一番合わないと思う5色も選んでもらった）。長音階で速いテンポの曲では明るいはっきりした黄色に近い色、短音階でゆっくりした曲では、暗めのくすんだ青色に近い色が選ばれた。色を選ぶときの感情と、聴いている曲に対する感情も一致していた。つまり感情は色と音楽の橋渡しをしていたということだ。

匂いと色のマッチング

　匂いの経験を言葉で伝え合うのはなかなか難しいことだ。このため香水会社は製品を売り込むときに言葉による説明だけでなく、消費者が匂いを想像できるように、香水や瓶やパッケージに色をつけたりする。複数の研究から、匂いと色には一貫した関係のあることがわかっている。リック・シファースタインとI. タヌジャヤが2004年に複雑な香りと色の組み合わせを調べたところ、両者の間には強いつながりがあることがわかり、また香りと色が感情によって結びつけられている可能性も見えてきた。ネル・デールらの最近の研究では、感情と色もかなり一致することが示されている。

　味と匂いの関係については誰もが実際に共感覚を働かせてい

色が味を左右する

料理を味わうとき、皿の色はとても重要だ。白い皿は甘味を強くする。黒い皿はうま味を引き出し、赤い皿は食べる量を減らす。したがって体重を気にしている人は今こそ赤い皿を買ってスリムになろう。そしてレストランは、皿一枚で客の料理の受け止め方が変わることに注意しよう

る。甘い風味と特定の匂いとのつながりで考えてみよう。例えばバニラアイスクリーム。バニラアイスクリームは甘い。実はバニラ香料は様々な種類のデザートに使われるが、塩味の効いた料理にはほとんど使われないのだ。したがって一般にバニラの匂いがするともれなく甘い風味も感じる。味覚と嗅覚がこのように同時に刺激されるということは、つまりほとんどの人にとってバニラは「甘い」匂いということになる。だが実際には甘さは5つの基本的な味覚の1つで、決して鼻で嗅ぐことはできないのだが。ワインの中には嗅覚と味覚への刺激が別々のものもある。鼻では「甘い」と感じているのに、口に含むと極辛口なのだから驚いてしまう。甘い香りとは、厳密に言うと経験によって学習した一種の共感覚なのかもしれない。

音楽がワインテイスティングに及ぼす影響

よく知られていることだが、ワインを味わう（そして楽しむ）ときに周りから受ける影響は大きい。チャールズ・スペンス、オフェリア・デロイらはクラシック音楽と高級ワインの間の感覚間協応（本来は独立した感覚の間で普遍的に一定のマッチングが示されること）を検討し、科学誌『Flavor』に発表した。ワインを飲んでいるときに音楽はどのような影響を与えるのか統計処理を用いて分析し、また聴いている音楽が味にどのような影響を与えるかを調べたのだ。

このテーマに取り組むべく、ワイン愛好家を26人集めた。実験に使ったワインは4種類（ドメーヌ・ディディエ・ダグノー　プイィ・フュメ・シレックス2010、ドメーヌ・ポンソ　クロ・ド・ラ・ロッシュ2009、シャトー・マルゴー2004、シャトー・クリマン2001）、音楽は5曲（モーツァルトのフルート四重奏曲第1番ニ長調K285第1楽章アレグロ、チャイコフスキーの弦楽四重奏曲第1番ニ長調第2楽章アンダンテ・カンタービレ、ラヴェルの弦楽四重奏曲ヘ長調第1楽章アレグロ・モデラート・トレドゥ、ドビュッシーのシリンクス、ラヴェルの弦楽四重奏曲ヘ長調第2楽章アセヴィフ）。音楽をかけているときとかけていないときに飲むワインをそれぞれ評価してもらった。さらにクラシック音楽と高級ワインの特定の組み合わせも評価してもらった。また音の高さを変えて匂いと組み合わせる実験も行った。

　結果は、とくに相性が良い（悪い）と思われる、音楽とワインの組み合わせが存在した。チャイコフスキーの弦楽四重奏曲第1番はシャトー・マルゴー2004と、モーツァルトのフルート四重奏曲第1番ニ長調はプイィ・フュメとぴったりだった。相性の良い音楽を聴きながら飲むワインは、音楽をかけないときと比べると甘く感じたし、味わいを深く楽しむこともできたという。

　音楽の影響はそれほど大きくはないけれども、確かにあった。とはいえこのような実験環境では音が強調されるために強い影響が出るという点も見逃せない。また、結局のところ音楽は個人的な関心ごとであり、音楽の好みはどれだけ聴いてきたかに強く影響される。特定の種類の音楽との関係は繰り返し聴くことによって驚くほど変わる。音楽も感情に入り込んでくるが、ある人の心を大きく揺さぶる曲なのに、他の人にはなんの感銘も与えないという場合もある。

　現代音楽で同じような実験をするのもおもしろそうだ。ただし音楽はさりげなく流れているという状況が好ましい。つまりこの実験が音楽の影響を調べるものだと被験者に気づかれてはいけない。BGMとして音楽を流しながら参加者にはワインの評価だけを頼む。そうすれば最初の評価の後で、あるいは別の機会の評価でも、音楽を変えて、中身の同じワインをこっそり混ぜることもできる。
なお、他にも音の高さと特定の香りについて、スペンスとデロイがおもしろい発見をしている。低い音と強くつながる匂いと、高い音と強くつながる匂いがあるというのだ。ということは、ワイン評論家が音楽用語を比喩的に使って感じたままをテイスティングノートに書き込むのは極めて妥当なことなのだ。

　本章では、私たちのもっているいろいろな感覚は思っているほどバラバラではない、という考え方について見てきた。共感覚は、ある感覚に対する刺激が引き金となって、一見なんの脈絡もないように思える別の感覚が働く状態だ。たいていの人は共感覚者ではないが、周りの環境を経験するときは、思っている以上に異なる感覚を混ぜ合わせている。目で感じる色はとくに興味深く、味覚や嗅覚に大きな影響を与える。次の章では味覚や嗅覚を化学の視点で詳しく説明する。そして脳は様々な感覚の中からどのようにして情報を結びつけ、風味の経験を作り出すのかを見ていこう。

化学感覚への招待

　嗅覚と味覚はともに「化学感覚」（物質の化学作用が刺激となって生じる感覚）に分類される。少し前まで、いわゆる五感は相互に接点はないと考えられていたので、嗅覚と味覚もまったく別のものとされていた。しかし、嗅覚と味覚はたいてい協力しあって人に匂いや味を感じさせる。さらに嗅覚は1種類ではなく2種類あることもわかってきた。本章では、こうした化学感覚について解明されていることを詳しく見ていきたい。

感覚の進化

　化学感覚の登場はかなり古い。単細胞生物が誕生し動く能力を身に付けると、その機能を活用するために周りの様子を「知る」必要が出てきた。そうして最初に手に入れたのが、化学物質を感じ取る感覚だったのである。次いで、光も手がかりにするようなった。化学物質や光に対する感覚が研ぎ澄まされていくとともに、音や感触を感じ取る能力も備えていった。

　私たちは、自分の認識している世界がすべてだと考えているが、実のところそれは現実のうちの一部にすぎない。例えば私たちの見ている世界とネズミの見ている世界を比べてみよう。ネズミはたいてい薄暗い中で生活しているため、視覚だけでなく嗅覚や触覚も使って周りの様子を思い描く。ネズミをはじめ多くの哺乳類は敏感な嗅覚に加え、顔の横についているヒゲであちこちを触ることによって周りの様子を知るのだ。

　一方、人間は視覚を使って周りの様子の心象地図（心の中に思い描くイメージ）を作るが、ネズミはどうやら触覚を使うようだ。哲学者トマス・ネーゲルの「コウモリであるとはどのようなことか」という有名な問いになぞらえて考えてみよう。コウモリが超音波を使ってとらえる世界は、私たちの知る世界とはかなり違うと思われる。人間の体はコウモリとは違い、紫外線や超音波などを感じるようにはできていないからだ。とすると、コウモリの見ている世界は私たちの見て

いる世界とは重ならないことになる。けれども物理学的にはどちらも同じ世界なのである。

　感覚は進化によって形づくられてきた。私たちは自分に役立つ環境を感じ取り、脳はその感覚情報を元にして自分を取り巻くあらゆることについて意識を作り出す。この意識こそが、私たちが現実と考えるものである。現実を作り上げていく作業は化学感覚とも関係しているのだ。

　私たちの周りには、匂いや味が感じられない化学物質がたくさんある。また、ほんのわずかで感じられるものもあれば、かなり触れないとわからないものもある。このような化学の視点から見た現実は、個人によって、また時間の経過によっても大きく違う。なぜだろうか？　体が備えている検知システムは特定の分子構造しか拾い上げることができないからだ、という説もあるが、特定の化合物を見つけることが重要なため、その化合物に対する感度が上がったと考える方が納得できるかもしれない。

匂いが記憶を呼び起こす

　ある晩のこと、リサイクルに出そうと牛乳のプラスチック瓶を潰したところかすかに牛乳の匂いがして、私は一気に子どもの頃に引き戻された。当時のイギリスの小学校では、全児童に牛乳が無償で提供されていた。ガラスの瓶に入っていて、暖かい日などは飲む頃には傷んでいたこともあった。潰した容器から漂ってきた腐りかけの牛乳の匂いは忘れようのないあの匂いで、一瞬にして思い出の入り混じった校庭が蘇った。もう1つ、私には匂いにまつわる記憶がある。日焼け止め製品の匂いだ。ロンドンで暮らしていると日焼け止めを塗ることは滅多にないが、たまに使うとその香りは私をビーチに連れて行ってくれる。まさに夏の休暇の匂いで、とてもゆったりした心地よい気分になる。

　ワインを味わうときは複数の感覚が統合される（多感覚処理：複数の感覚情報をそのときだけ1つにまとめ上げて感じ取る仕組み）のだが、主導的な役割を果たす感覚は嗅覚である。

　嗅覚は2種類に分けられるという説がある。ゴードン・シェファー

フランス人の作家、マルセル・プルーストは匂いと記憶のつながりに光を当てたことで有名だ。『失われた時を求めて』（1913年）の中でプルーストは、ライムの花で作ったお茶の香りを嗅いで子ども時代の記憶が蘇った様子を描いている

ドは著書『美味しさの脳科学』（小松淳子訳、合同出版、2014年）の中で、匂いを鼻先で嗅いで感じる「オルソネーザル（鼻腔香気）」と、口の奥から鼻に抜けて感じる「レトロネーザル（口腔香気）」に区別し、考察した。

　私はこれをヒントに、少し違う角度から嗅覚を分類してみようと思う。着目するのは嗅覚のもつ2つの重要な機能、すなわちにおいを嗅いで周りの様子を知る機能と、食べ物が美味しいかどうかを決める機能だ。後者は風味に対して大事な役割を果たす。風味には口から鼻に抜けるレトロネーザルだけでなく、オルソネーザルとの連携作業も関わるので、オルソネーザルはどちらの機能に対しても重要な役割を果たしていることになる。したがって嗅覚を考えるときには、オルソネーザルとレトロネーザルを区別するよりも、機能（環境の匂いから情報を得るか、風味の評価に関わるか）で分類する方がわかりやすいと思われる。

　とはいうものの、この2つの機能はすっかり切り離せるわけではなく、匂いや風味の好ましさを評価する場合は重なる。嗅覚は風味と、環境の情報入手の両方に関わるので、結局はこの2つのシステムが一緒に機能して匂いの好き嫌いを評価することになる。要するに、どのくらい好きな匂いなのかの判断は、生物学的にはまったく異なる嗅覚の働きを1つにまとめる作業なのだ。食べ物の匂いの好き嫌いには、匂いだけでなく味も関係しているという研究もある。美味しいものを食べているときに感じる匂いには良い印象を覚える。つまりその食べ物の匂いが好きになる。また同じ匂いに繰り返し触れると、不快な匂いやとりわけ魅力的な匂いでない限り、だんだん好きになることもある。

　レトロネーザルは風味に大きな影響を与えるが、口の中で匂いを感じ取るその働きに私たちはなかなか気付くことができない。これは、レトロネーザルで情報を受け取った脳が、情報の発生源が口にあると判断するとき、食べ物の存在を感じ取っているのが触覚だからである。人間にとって、口の中の食べ物に関する情報がどこから来たものなのかを特定するのは非常に重要である。それがたとえ鼻で感じ取った匂いだとしてもだ。そして実際に口の中では触覚によって食べ物の特徴を感じ取る。その結果、脳は匂いの情報を

昔は、悪臭は病気と関連付けられていた。14〜15世紀、ペストが流行したときは甘い匂いがこの疫病を遠ざけると考えられた。人々は、空気感染から身を守るために香水やハーブ、香木などの匂いを嗅いだ。医者は、生のハーブや乾燥させた花びらを詰めたくちばしのような突起物のついた仮面をかぶった。もう少し現代に近い17世紀のイギリスでも、裁判官は刑務所を訪問するとき、チフスの感染を防ぐために甘いハーブの花束を服につけていた

味覚や触覚と結びつけ、継ぎ目のない1つにまとまった風味として知覚するのである。同じ匂いの分子でもオルソネーザルで感知するか、レトロネーザルで感知するかによって感じ方がまったく違うと考える研究者もいるが、意見は分かれている。

　嗅覚は重要な感覚だが、その素晴らしい働きが十分に認められているわけではない。嗅覚がいかに大事かは失って初めてわかる。例えば匂いを感じることのできない無嗅覚症という病気があるが、嗅覚は風味の感じ方を左右するので、無嗅覚症の人は食べ物や飲み物を十分に楽しめない。また嗅覚は感情に対しても重要な働きをする。つまり嗅覚がなくなるとあちらこちらでとても深刻な影響が出るのだが、普段の生活では嗅覚は働きに見合うだけの評価がまったくされていない。

人間は嗅覚の力を失ったのか?

　一般的な見方では、嗅覚は人間以外の哺乳類にとっては大事な感覚だ（例えばイヌはいつも鼻をクンクンさせている）。しかし人間の匂いを嗅ぎ分ける力は衰えている。匂いを嗅ぐ働きをしていた嗅覚を、人間は進化の途中で何かと交換し、その代償として失ったのだろうか?　次のように考える人もいる。2004年に発表されたある論文によると、人間は霊長類の祖先から進化する間に、匂いを嗅ぐ能力と引き換えに完全な三色視（三原色の組み合わせによる色覚）を手に入れた。人間には約1,000種類の嗅覚受容体遺伝子があり（人間の遺伝情報は全部で3万種類）、このうち実際に機能しているのはわずか400種類ほどで、残りは偽遺伝子である。偽遺伝子には嗅覚受容体タンパク質の遺伝暗号が書かれているが、意味のない暗号も途中に含まれているため、結局、受容体タンパク質は作られない。

　少し話はそれるが、鼻が匂いを感じ取る仕組みを見ていこう。鼻腔（くう）の上部に切手ほどの大きさの黄色い組織がある。表面には細かい毛（繊毛（せんもう））が広がり、粘液で覆われている。繊毛は嗅覚受容細胞（嗅神経細胞、嗅細胞）とつながり、嗅覚受容細胞は脳の一部（嗅球（きゅう））に直接つながる。嗅覚受容細胞（人間の鼻には平均で1,200万

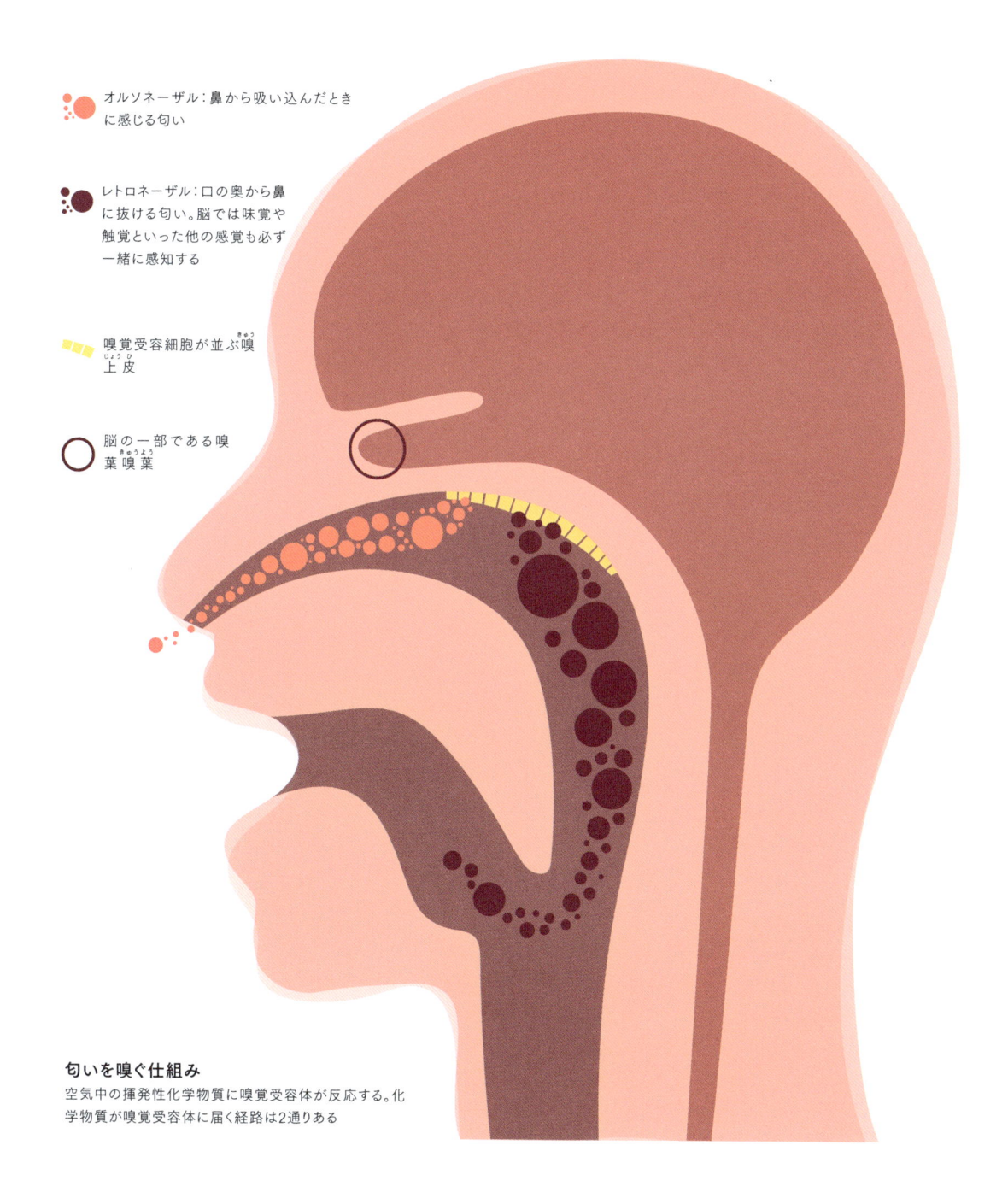

オルソネーザル：鼻から吸い込んだとき
に感じる匂い

レトロネーザル：口の奥から鼻
に抜ける匂い。脳では味覚や
触覚といった他の感覚も必ず
一緒に感知する

嗅覚受容細胞が並ぶ嗅
上皮

脳の一部である嗅
葉嗅葉

匂いを嗅ぐ仕組み
空気中の揮発性化学物質に嗅覚受容体が反応する。化
学物質が嗅覚受容体に届く経路は2通りある

個)の寿命はわずか1ヶ月ほどで、絶えず入れ替わっている。

　吸い込んだ空気が嗅上皮まで流れ込むと、空気中の小さな分子（匂い分子）が粘液に溶け込んで繊毛に付着する。繊毛では特殊なタンパク質が反応して電気信号を生じる。電気信号は神経を通って脳の一部（嗅葉）に伝わる。

　ここからは少しはっきりしない。というのも匂い分子が嗅覚受容体と情報をやり取りする仕組みがまだよくわかっていないからだ。嗅葉に届いた信号が解読されて匂いを感じる信号に変わる仕組みも不明だ。とはいえ現在わかっていることだけでも、ワインをテイスティングしたり理解したりするのにかなり関連している。嗅上皮には嗅神経の他に三叉神経末端もある。三叉神経末端は口腔の周辺に広く分布し、触覚、圧覚、温度覚、痛覚を脳に伝える。嗅覚受容体だけを刺激する「純粋な」匂い分子は比較的少ない。

　およそ400種類の嗅覚受容体はそれぞれ特定の匂い分子に対応している。嗅覚受容体が匂い分子を検出する仕組みはまだ十分

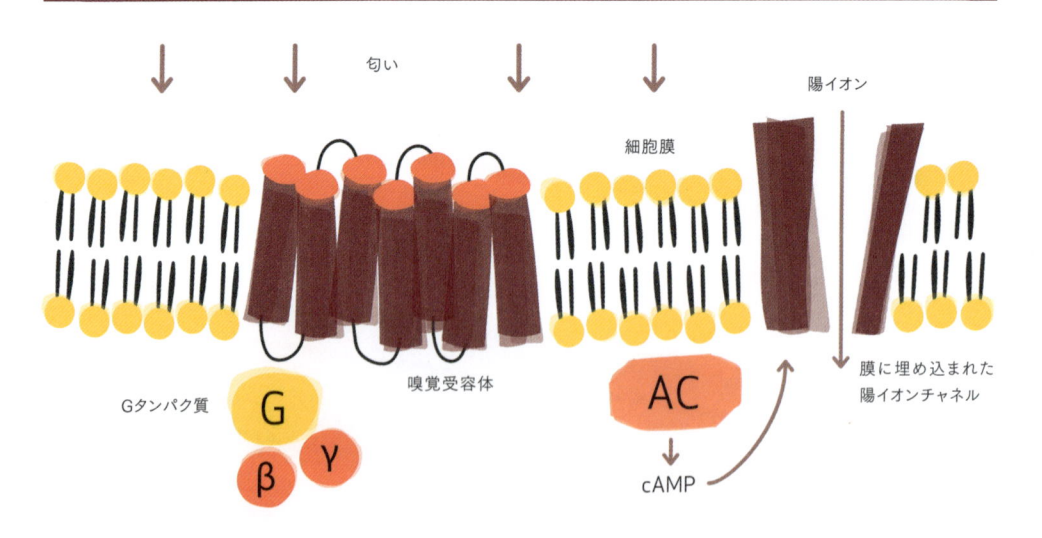

嗅覚受容体

嗅覚受容体が「特定の」匂い（空気中の揮発性化学物質）を認識すると、Gタンパク質がアデニル酸シクラーゼを活性化してcAMP が作られる。cAMPは膜に埋め込まれた陽イオンチャネルに結合し、チャネルを開く。すると陽イオンが流れ込み膜の内と外の電気のバランスが変化（脱分極）して、信号が生じる。嗅覚を分子レベルで見ると、このような一連の生化学的処理が行なわれている

に解明されていないので、ここは議論の分かれるところだ。主流の説は、受容体が匂い分子の形を認識して、匂い分子の一部とぴったり結合すると化学信号を放出して、それが神経を興奮させるという考え方だ。これに対してルカ・トゥリンは別の見方を唱えている。匂いを研究し、香水に関する著作も多いトゥリンは、受容体が形を認識するという理論には少々厄介な問題があるという。

同じ形の分子なのに、匂いが違う

　1つはキラリティーの問題だ。キラリティーとは、右手と左手のように、形は同じだが互いに鏡に映した状態のような関係にある物質の性質である。化学分子にもキラリティーを示すものがある。キラリティーのある分子はともに化学式と構造式は同じだが鏡像関係にあり、光学異性体と呼ばれる。化学式も構造式も同じならば匂いも同じになりそうなものだが、かなり違うことが多い。

　トゥリンらは純粋なアセトフェノンを使って実験をした。アセトフェノンはサンザシやオレンジの花の独特の匂いがする化学物質である。アセトフェノンの水素をすべて重水素（水素の2倍の重さをもつ水素の同位体）で置き換えた類似体を使って比較した。どちらのアセトフェノンも構造は完全に一致するが、重水素で置き換えたアセトフェノンの方が水素の分だけ重い。

　結果は、違う匂いがした。つまり、匂いの識別メカニズムは形状モデルで考えることができないということだ。では、違う構造の化学物質の匂いが同じだった場合、どう説明すればよいのだろう？　そこでトゥリンは、おもしろいけれども議論の余地のある説を展開した。嗅覚受容体は形を認識するのではなく、匂い分子の分子振動を認識すると考えたのだ。水素を重水素で置き換えた実験では、重水素のアセトフェノンの振動スペクトルは普通のアセトフェノンとは異なっていた。同じ構造をしているにもかかわらず、である。これによって、違う匂いがしたということなのだろうか。

　ところで、嗅覚受容体が400種類あるとして、では数千種類もある匂いをどうやって区別するのか？　これはとても興味深い疑問だ。答えは、パターン認識ですべて片がつくようだ。後述するが、脳には

嗅覚受容体の活性化のパターンを匂いの知覚体験に翻訳する仕組みがある。

人間は匂いと引き換えに色覚を手に入れた？

　人間は進化する過程で嗅覚受容体遺伝子のなんと60％を偽遺伝子と交換した、という説について考えてみよう。この説に従うと、ある生き物が嗅覚よりも他の感覚を重視するとしたら、匂いをしっかり嗅ぐための嗅覚受容体はほとんど必要なくなる、とも考えられる。

　ある研究で、霊長類19種の嗅覚受容体遺伝子の遺伝子配列をそれぞれ100種類調べた。その結果、旧世界ザル（霊長目オナガザル科に属し、アジア、アフリカに生息する。ヒヒやニホンザルなどが含まれる）の嗅覚受容体に占める偽遺伝子の割合は類人猿と同じだったが、ホエザル以外の多くの新世界ザル（霊長目オマキザル上科に属し、中南米に生息する。マーモセットやオマキザルなどが含まれる）よりは高かった。ホエザルと旧世界ザルはそれぞれ独自に、おそらく鋭い嗅覚を失い新しい特徴、すなわち三色視を身につけたのだろう。網膜には3種類の色素タンパク質（オプシン）があり、すべ

偽遺伝子は大きな遺伝子ファミリーで進化する傾向がある。大きな遺伝子ファミリーでは同じ仕事をする遺伝子がすでに十分あり、同じ遺伝子の発現が意味をなさないからだ。類人猿では嗅覚受容体遺伝子の約30％、ネズミでは約20％が偽遺伝子だ

嗅覚受容体の発見

　1991年、分子生物学者リンダ・バックとリチャード・アクセルは素晴らしい発見をした。この発見に対して2004年にノーベル生理学・医学賞が与えられた。彼らの研究によってようやく、匂いを感じる仕組みが解明されたのだ。2人が見つけたのは、嗅上皮で匂い受容体を作る膜タンパク質群である。

　バックとアクセルは分子生物学の手法を使って、特殊な受容体「Gタンパク質共役受容体」の遺伝子暗号が書き込まれている大きな遺伝子群から18種類の遺伝子を同定して調べた。この受容体は嗅上皮にしか存在しておらず、細かく見て

いくと、嗅覚受容体神経の末端にある繊毛の表面に埋め込まれている。鼻を通って入ってくる匂い分子は嗅上皮で粘液に溶けて、受容体と反応する。

　1個の嗅覚受容細胞（嗅神経細胞）には1種類の嗅覚受容体しか存在しないと考えられている。嗅覚受容細胞は受容体を通じて特定の匂い分子と出会い、電気信号を生じる。匂い分子に固有のこの電気信号は脳へ伝えられ、脳は過去の匂いの経験やこの匂い分子に関する他の情報と照らし合わせて匂いを識別する。強い匂いほど長期間続く電気信号を生じる。

てを合わせるといろいろな色が見える。ホエザルと旧世界ザルの例は、一方を追求すれば他方を犠牲にせざるをえないトレードオフのようなものと考えれば魅力的ではあるが、これには疑問も投げかけられている。

2010年に新村芳人らのグループがこの問題を再び検討した。今回は霊長類のゲノムデータを用いて、一部ではなくすべての嗅覚受容体遺伝子を調べたところ、嗅覚受容体遺伝子の消失と同時に三色視を獲得したことを示す証拠はなかった。つまり嗅覚受容体遺伝子は長い時間をかけて少しずつ失われていったようである。さらに、匂いを嗅ぎ分ける人間の能力は他の霊長類と同程度である可能性も示された。

現在では、実は人間は匂いを嗅ぐのが得意であると考えられている。人間の嗅覚の使い方は他の哺乳類とは違っており、受容体の数が少ない分、何とかうまく情報処理して補っているというのだ。イヌの嗅覚能力は確かに高いが、だからと言って人間の嗅覚が劣っているとは限らない。なぜなら、人間はイヌよりもレトロネーザルが関わる風味の区別に頼っているため、風味を感じ取るのが得意なのだ。かすかな匂いの嗅ぎ当て競争ではイヌに勝てるわけはないが、口に食べ物を入れれば話は別だ。風味をとらえる嗅覚は人間の方がはるかに鋭い。一方、現代社会に目を向けると、美食に対する関心が高く、高級ワインや超一流レストランに厭わずお金をかける人も多い。ということは、人間の化学感覚は例えて言うとなまくらな刃のように本来の鋭さを欠いているということなのだろうか？いや、決してそうではない。

コンスタンス・クラッセン、デイヴィッド・ハウズ、アンソニー・シノットは『アローマ－匂いの文化史』（時田正博訳、筑摩書房、1997年）の中で、昔は西洋文化でも匂いは日々の営みの中ではるかに存在を認められていたし、重要でもあったと述べている。ベンガル湾に浮かぶアンダマン諸島のオンゲ族は匂いでいろいろなことを決める。例えば季節は花の匂いの移り変わりに従って区切られるし、挨拶の言葉は「鼻の調子はいかがですか？」だそうだ。

クラッセンらは次のように考える。「"香景"（香りの分布を示した地図）は固定した構造を持つものではなく、大気の条件により変化

西洋社会で嗅覚が軽んじられているのは、数百年前に知識人たちが匂いを格下げしたためだとする説がある。気がついたら、匂いを本能的で原始的な感覚とみなすようになっていた。ところが世界を見れば、どこの地域でも匂いを低く見ているわけではないことがわかる

するむしろ極めて流動的なパターンである。大多数の西洋人は、物事の生起する不動の場所として空間を認識するだろうが、アンダマン諸島の人々は（世界を秩序づける香りの重要性が高いため）むしろダイナミックな環境の流れとして空間を意識する。例えば村という空間は、膨らんだり、縮んだりするものとして、経験され、概念化されており、気温、風力、あるいは村の中に豚肉のような強い匂いのするものがあるかどうかなどによって、大きさが変わるのである」。

ブラジルのスヤ族は、動物を体の特徴や生息場所ではなく匂いで分類する。人間の性別や年齢なども同様に匂いを表す言葉で区別する。スヤ族の「嗅覚意識」は西洋文化の中で暮らす人々よりもはるかに高い。彼らにとって匂いは単に好き嫌いを決める以上の意味があるからだ。スヤ族は匂いという観点から物事を考え、スヤ族のとらえる匂いにはそれぞれ象徴的な意味がある。これは西洋文化である種の音や色が象徴的なイメージをもつのと同じだ。しかし西洋では匂いにこのような割り当てはされていない。西洋文化では味や匂いを表す語彙は限られているが、それは生物学的な理由からではなく、文化の影響を受けているからのようだ。この詳細については第8章で見ていく。

ところで、400種類の嗅覚受容体遺伝子で、一体いくつの匂いを区別できるのだろうか？　視覚系では3種類の色素（オプシン）を使って100万〜200万色を区別できることが実験で示されている。匂いについては1万種類を区別できるとも言われるが、確かな証拠はない。そんな中、2014年にカロリン・ブッシュディドらがとても刺激的な論文を発表した。ブッシュディドらは、人間の嗅覚の鋭さを調べるため、128種類の匂いの中から10種類、20種類、30種類の組み合わせを作り、区別できるかどうかを実験した。数学的手法を用いて結果を処理し推定したところ、1兆種類以上（これでも控えめだそうだ）の匂いを嗅ぎ分けられることがわかった。ところがこの結果にも疑問が出されている。マルクス・マイスターによると、算出した数学的方法に問題があるそうだ。もし視覚に対して同じ方法論でアプローチしたら、無限の色を区別できるという結果になる。どうやら1兆種類という数字は現実的ではなさそうだ。確実なデータが出ない限りは数千種類というほかないだろう。

「快適な」匂いは世界共通ではなく文化によって違う。エチオピアで牛を飼育しているダサネチ族は牛の匂いをとても芳しいと感じる。彼らは牛の尿で手を洗い、牛の糞を体に塗りつけるらしい

400種類の嗅覚受容体の可能性

　400種類の嗅覚受容体で、それよりはるかに多い匂いをどうやって感知するのか、という問題に戻ろう。1個の嗅覚受容体に1種類の匂いが対応しているとしたら、400種類の匂いしか区別できないことになる。しかし実際に嗅ぎ分けられる匂いの数はずっと多い。これはなぜなのだろうか。

　触覚を例に考えてみると分かりやすい。人間の体毛の数は太古の祖先に比べると少ないが、それでも300万本ほど生えている。毛根を包む組織である毛包には毛の振動をとらえる受容器があり、私たちは毛が1本動いただけでも気付く。その一方で、まとめて動くと1本1本の動きまではわからない。今度は髪を2回、1回目と2回目で場所を少しだけずらしてなでてみると、毛の曲がる向きは（実際に活性化された受容器は違うはずなのに）ほぼ同じように感じられると思う。

　これはまず物理的活性化（受容体空間）が起こり、次に触感を感じる（知覚空間）というように、それぞれの空間（ここで言う空間とは、必ずしも実在する場ではない）で異なる作業が行われるためだ。これと同じ現象が嗅覚でも起こるのである。1個1個の受容体は違うパターンで活性化され、脳がこれらのパターンをとても巧妙に読み取り、最終的に1つの匂いとして感じるのである。ほとんどの場合、受容体の活性化と特定の匂いの間に1対1の関係はないようである。

　嗅覚の受容体空間に関係する要因は、嗅ごうとしている匂い分子の数、その匂い分子の存在する濃度、嗅覚受容体のタンパク質ゆえの設計上の制約、受容体と匂い分子の結合の仕方である。知覚空間に関係する要因はまったく違い、進化の過程で重要とみなしてきたものの影響を受ける。環境を知る手がかりとなる匂いの性質、その匂いに基づいて行う決定、特定の匂いと重要な出来事とを関連付ける方法である。そしてこの受容体空間と知覚空間は脳で結びつけられることとなる。では次に、脳による混合臭の処理の仕方から脳の仕組みを考えてみよう。

　嗅覚の研究で実験材料というと、どうしても1種類の匂いになりがちだが、私たちが生活の中で嗅ぐのは化学物質の入り混じった匂いである。ワインの場合もまさしくそうだ。

　嗅神経細胞（嗅覚受容細胞）は1個につき1種類の嗅覚受容体を発現すると考えられている。各受容体は匂い物質の特定の部位に反応し、その組み合わせによって様々な匂いを識別する。異なる匂い同士の相互作用は、匂い処理の異なるレベルで起こる。まず最初に受容体部位で相互作用が起こる。この相互作用は競合的な場合もあるし、非競合的な場合もある。2種類の匂い物質が受容体に結合する場合、いわゆるアゴニスト（どちらも結合して受容体を活性化させる）またはアンタゴニスト（どちらも結合するが、片方は受容体を活性化させず阻害する）として働くと考えられる。M. A. チャプットらは2種類の匂い物質からなる混合臭を利用して抹消性（受容体）反応と中枢性（知覚・嗅覚）反応とを直接結びつける実験を行い、その結果を2012年に報告した。実験に用いた匂い物質はワインに含まれる、木の香りのするウイスキーラクトンと、果物の香りのする酢酸イソアミルである。

　ウイスキーラクトンと酢酸イソアミルはどちらも1個の嗅神経細胞を同時に刺激した。この結果から、混合臭に対する受容体の反応は、個々の匂い物質の反応の単純な合計ではないことが確かめられた。つまり、受容体レベルでは匂い物質は頻繁に影響を及ぼし合っているのである。ウイスキーラクトンを酢酸イソアミルに加えると、酢酸イソアミル単独の場合よりも嗅覚受容体の活性がいくらか抑制されたが、条件が変わるとウイスキーラクトンの添加によってつながりが強められることもある。

　人間で実験をしてみると、高濃度のウイスキーラクトンは酢酸イソアミルの知覚強度を低下させた。ところがおもしろいことに、低濃度のウイスキーラクトンを加えると果実香のする酢酸イソアミルの知覚強度が上昇した。この現象はワインにとって大きな意味をもつ。保存中のワインには樽（とくに新しい樽やオークの樽で著しい）からウイスキーラクトンが溶け出るからである。もう1つおもしろい結果が出た。しきい値以下（まったく感知できない量）のある種の匂いが、別の匂い物質の匂いの出方に影響を与えたのだ。

嗅覚にとって、複雑に入り混じった匂いの中から必要な情報を取り出す作業は難しい。しかもすばやく、つまりその情報に対して適切に反応できるよう瞬時に取り出さなければならない

脱感作と交差順応

　人間の感覚系はかなり柔軟性があり、これがワインのテイスティングには思わぬ落とし穴となる。視覚を例に考えてみよう。明るい日の差す屋外から少し暗めの屋内に入ると一瞬何も見えないが、じきに目は慣れる。私たちはそれを当たり前と思っている。嗅覚でも同じ類の慣れ、すなわち順応が起こる。このような現象を「脱感作」という。

　部屋に入って一瞬、強い匂いを感じても、しばらくするとその匂いに慣れたという経験のある人は多いだろう。もし慣れなければ、いつまでも強い匂いのせいでほかのかすかな匂いを感じ取れなくなってしまうので、これは重要な能力だが、この現象は厳密な意味での順応とは違う。なぜならば特定の強い臭いだけが弱められているからである。テイスティング部屋に繰り返し匂いが発生したり、長時間匂いが漂っていたりしたら、室内にいる人はその匂いに対して脱感作してしまう。

　嗅覚では脱感作とは別に「交差順応」も起こる。交差順応とは、匂いxに対して順応したことで匂いyに対しても順応する現象である。ワインのテイスティングをする際に脱感作は問題だが、交差順応は輪をかけて厄介だろう。

　匂いの元がワインの成分だろうが、コーヒーやペンキの匂いだろうが脱感作は起こる。ただし漂っている匂いがワインの香りだとしたら、テイスティングする人はその匂いに気づくことなく、ワインの感じ方に影響が出てしまう。同じ種類のワインのテイスティングを長い時間していると、このような脱感作の影響が出る恐れがある。

　さらに問題なのが、テイスティングしているワインに関係のない匂いがワインの特定成分の感じ方や、さらにはワインの感じ方を変えたりする交差順応である。困ったことに、交差順応の発生はまったく予測できず、交差順応が起きていることに気付きもしない。グラスを傾けながら長い時間を過ごす中で、このワインはデカンタの中でこんなにも変化したね、と語り合った経験はないだろうか？　デカンタでワインが変化すると言われるけれども、必ずしもその限りではな

きつい体臭の持ち主は自分の匂いに気づかない。気づいていたらなんとか対処するはずだ。これは順応という現象から考えるとわかりやすい

い。私たちの方に問題がある可能性もあるのだ。

　交差順応を避けるには、一度に飲み比べるワインの数は少ない方がいい。また評価者のテイスティング順は任意にしなければならない（各自ランダムに行うのが理想、例えば1人は後から順にテイスティングし、もう1人は奇数番号を先にテイスティングしてから偶数番号をする、という風にすると進行管理が楽になる）。似たようなワインばかり飲み比べるのではなく、違う傾向のワインに変えるのも意味があるし、一日中変更し続けるのもいい策だ。できるならば部屋の中からあらゆる匂いを取り除き、評価者は一定の間隔で休憩を取ること。

『The Scented Ape（匂いのわかるサル）』（1990年）の中でデビッド・ミッチェル・ストダートは、体臭の生物学的・文化的側面を掘り下げて考えた。体臭の重要性をおもしろい視点からとらえ、現在は恥ずかしいものとされている体臭が近年は文化の中でどう扱われてきたかについて考察している。他の惑星から来た観察者が西洋人を見たらどう思うだろうと想像を巡らせたのだ。西洋人はとても衛生的な生活を送り、体臭を不快なものとみなしている。さらに西洋人は、嗅覚を下品な感覚としてさげすみ、匂いを取り除こうとさえする。だが香水や良い香りのする化粧品につぎ込むお金は厭わないことを考えると、人間の嗅覚は決して退化はしていない。ストダートは、嗅覚と、盲腸や尾骨のような退化した器官とを同じ扱いにするのは間違いであると考える。

　人間の皮膚は複雑な器官である。進化の途中で体毛はほとんどなくしたが、毛器官（毛と毛包）と一緒に発生する分泌腺は失わなかった。皮膚には約300万本の汗腺があり、時には1日に12リットルもの汗を分泌して、水分の蒸発作用で体温を下げる。また汗腺の他にアポクリン腺という分泌腺がある。アポクリン腺は匂いの生成に関係する大事な腺で、脇の下や生殖器の近くに多い。おもしろいことに、脇の下のアポクリン腺の数は人種によって歴然とした差があり、韓国人と日本人はとても少ない。

　脇の毛にはたくさんの微生物がいて、かなりの匂いを発する。さらにもう1種類、皮脂腺もある。皮脂腺で作られる硬い脂質を毛包内常在菌が分解し、これも様々な匂いの脂肪酸を作る。唾液と尿も体

臭の発生に大きく関わる。要するに人間はもともときつい匂いを放つようできているのだ。

匂いが恋人選びを左右する?

　人が異性に惹かれるときに匂いが果たす役割を示す研究がある。有名なのは1995年にスイスの研究者、クラウス・ヴェーデキントによって行われた実験だろう（40ページ参照）。ヴェーデキントは、匂いが恋人選びに及ぼす影響を検討し、さらに被験者のHLAハプロタイプ（父親と母親から1つずつ受け継がれる対立遺伝子の型）を調べた。

　実験結果はまったく予期しないものだった。女性が好んだのは一番似ていないHLA型の男性の匂いだったのだ。さらに意外な結果も出た。経口避妊薬を服用している女性は同じHLA型の男性の匂いを好んだ。この結果を受けてヴェーデキントは次のように考えた。第一に、他人の匂いはその人を好きになるかどうかに影響を与えるようだ。第二に、今回の実験で匂いを選んだ被験者の女性達は、遺伝的に似ていない男性を選んだ。

　遺伝的に近いカップルには近親交配に関連した遺伝病の問題がよく知られているが、このような組み合わせの場合、妊娠しにくい傾向があることを指摘する報告も出されている。違う遺伝子をもつ両親の子ほど健康で丈夫になる現象（雑種強勢）もある。交雑種の犬の保険料は純血種の犬よりも安いが、これも雑種強勢を考慮してのことだ。

　では避妊薬を服用している女性の、逆の結果はどう考えたらよいのだろうか？　避妊薬には排卵を止めて擬似的な妊娠状態を作り出す作用がある。妊婦（あるいは避妊薬を服用中の女性）は生まれてくる子どもを守るために、近親の人にそばにいてもらいたいと思うだろうし、人は共通する遺伝子をもつ子の面倒はみるものだからだとヴェーデキントは考えた。また、女性が避妊薬を服用中にカップルになり、その後服用をやめた事例と、逆の事例も検討した。服用をやめた場合、状況は一転し、男性の体臭はもはや目当ての匂いではなくなるので、2人の関係は危うくなる可能性がある。

アポクリン腺からの分泌液は、恐れや怒り、性的刺激などによって変化する。分泌液の変化は近くにいる人に気づかれることがあり、また生理機能を変える作用もある。したがって異性にときめいたり、怖いと思ったりしたら、匂いで感づかれる可能性がある。けれども他人がどの程度まではっきり感じ取るのかはわからない

この手の研究にはつい惹きつけられるが、まっとうな研究者ならば安易には受け入れないだろう。他にも同様の研究が行われているものの、追跡研究の結果は一様ではなかった。実験方法が複雑で、被験者集団の大きさが違っていたことも原因かもしれない。

　ニューメキシコ大学のクリスティーン・ガーヴァー＝アプガーらは、既存のカップルに対して同じHLA型が与える影響を調べ、その結果を2006年に発表した。共通するHLA型の割合が多いカップルでは、パートナーに対する女性の性的応答が鈍る。浮気をしたり、他の男性への関心が増したりもする。この傾向はとくに生理周期の妊娠可能期間に著しかった。おもしろいことに匂いは身体の左右対称性も示すようだ。女性は釣り合いの取れた体型の男性をより好むのだが、この情報は匂いを介して伝えられた。スティーブン・ガンゲ

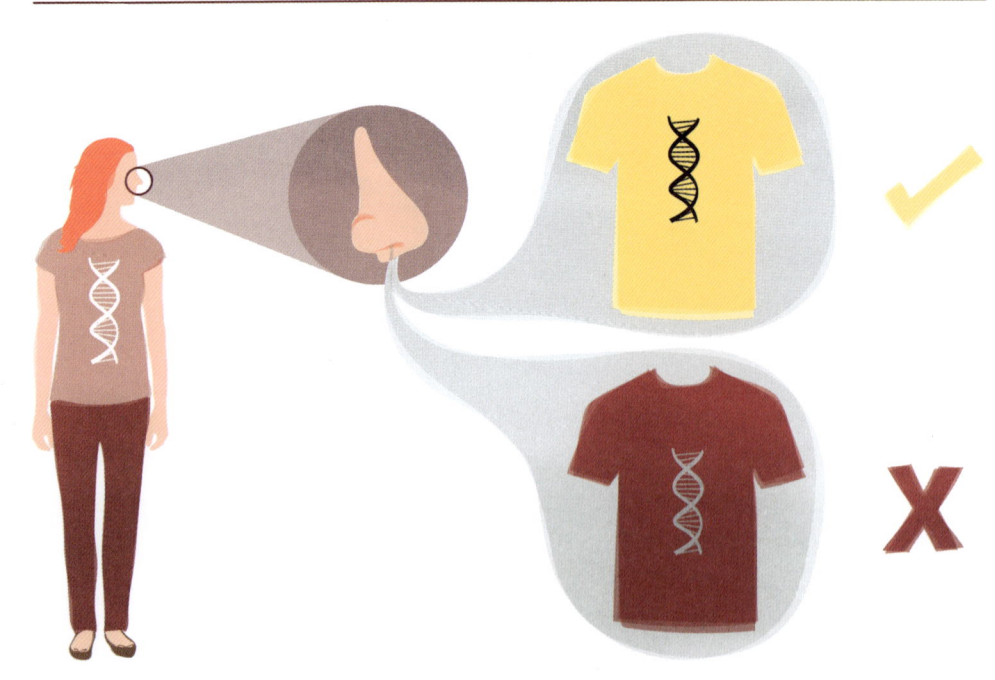

ヴェーデキントのTシャツ実験

1995年、クラウス・ヴェーデキントは男性44人と女性49人を対象に次のような実験を行った。まず男性には清潔なTシャツを3日間着用し続けてもらい、この間は洗濯と体臭防止剤の使用を禁じた。そして3日後、女性にそのTシャツの臭いを嗅いでもらい、男性の魅力度を評価してもらった。その結果、自分とは一番違う遺伝子をもつ男性の着ていたTシャツを好む傾向が見られた

スタッドとランディー・ソーンヒルの1998年の報告によると、様々な対称性の男性41人の体臭（顔は伏せて）を女性29人に評価してもらったところ、妊娠可能な生理周期の女性が高い点数をつけたのは対称性の最も高い男性の匂いだった。この結果は、続く3つの研究によっても確かめられた。

遺伝による縁結び

　性的行動に関する発見に目ざとく乗じる会社もある。無意識のうちに受け取る匂いは、恋に落ちる瞬間に飛ぶ「火花」に重要な役割を果たすと考えたのは、スイスのチューリッヒを拠点とする研究者タマラ・ブラウン博士。ブラウンはHLA型の遺伝子に着目し、ジーン・パートナーという相手探しの公式を考え出し、2008年に同名の会社を設立した。ジーン・パートナー社のウェブサイトによると「恋愛関係が成就し、長続きする可能性が最大になるのは遺伝的適合性の高いカップル」だそうだ。

　こういった実験は実生活での体験とどの程度一致するのだろうか？　私たちが恋人を選ぶときのきっかけは、匂いとはかなり違う場合が多い。整った外見だったり、魅力的な人柄だったり、美しい心根だったりする。あるいはたまたま手の届くところにいたとか、その他にも何かしらあるかもしれない。相手の匂いを嗅げるのは、かなり近づいたときだけである。しかも相手の匂いを嗅ぐという行為は積極的にするのではなく、知らず知らずのうちにするものだ。西洋文化圏でも、石鹸や入浴や洗濯が珍しかった時代ならば様子は違っていただろう。現代でも、衛生状態が悪いため体臭をうまく隠せない文化では状況はかなり違う。

　ここで、フェロモンについて考えてみよう。フェロモンは、出す側の体の状態を知らせるだけでなく、受け取る側の生理反応にも直接働きかける。哺乳類の多くは特殊な器官、性フェロモン感知器官でフェロモンを感知し、かなりはっきりした応答をする。人間には機能している性フェロモン感知器官はないが、それでも人間はフェロモンを出すと考える人もいる。インターネットで検索すると、かつてないほど性的パートナーを惹きつけるという触れ込みで「フェロモン」が

売られていたりする。たいていの人は怪しい製品だと思うし、科学者の間でも意見はほぼ一致している。つまり人間のフェロモンの存在についてははっきりした証拠はない。

味覚の解剖学

味覚は特定の感覚を意味する言葉だ。風味を感じること全般を表す言葉として広い意味で使われることもあるが、ここでは、口の中で感知されるものを意味する味覚に着目する。

食べ物に含まれる化学物質は、味覚受容体細胞（味細胞）の先端から出ている細い毛（微繊毛）と結合する。味覚受容体細胞は50〜150個ほど集まって味蕾を作る。味蕾は乳頭の中に集まっていて、この乳頭は舌の表面だけでなく、口蓋、喉頭、食道の上部にも分布する。人間には3,000〜12,000個の乳頭があり、脳は味覚受容体細胞から受け取った情報をもとに風味の源が口の中の食べ物や飲み物にあることを突き止める。その結果、私たちは味覚は舌だけから感じていると理解するのだ。

ところで、味覚はかつて甘味、酸味、塩味、苦味の4種類とされていたが、現在では5番目の味覚としてうま味も加えられている。うま味とはアミノ酸の一種、グルタミン酸のナトリウム塩を口にして美味しいと感じるときの味で、1908年に東京大学の科学者、池田菊苗によって名付けられた。池田は、アスパラガス、トマト、チーズ、肉の中に甘味、酸味、塩味、苦味では説明できない味があることに気付き、特に出汁で一番強く感じたという。その後、グルタミン酸塩の工業的生産に成功し、製造特許により財をなした。これが後にうま味調味料として商品化された。

また近頃は6番目の味覚が提案されている。脂肪の味で、オレオガスタスと呼ばれる。今まで脂肪は触感（舌触りなど）で感知すると考えられていたが、2015年に、脂肪（正確に言うと脂肪が分解されてできる遊離脂肪酸）は他の基本的味覚とはっきり違う味覚を示すことが報告された。以前の研究から、脂肪酸の受容体は舌にあることもわかっている。オレオガスタスが他の基本的味覚と同じく「味覚」とされるためには、口にした人がそれ自体で単一の味覚として

1971年、マーサ・マクリントックは、同じ空間で共同生活する女性の月経周期が同調したという興味深い観察をした。人間でもフェロモンに似た嗅覚作用が何らかの働きをしていると考えたのだが、追跡研究でははっきりした証拠が見つからなかった。女性が月経周期を揃えるホルモンを放出するという考えは、そろそろフェロモン神話に入れた方がいい

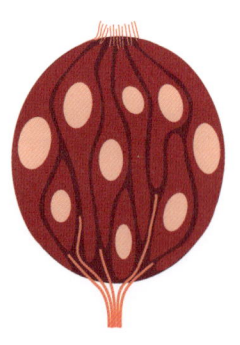

味蕾は花の蕾のような構造をしていて、その中に50〜150個の味細胞が集まっている

他の味覚と区別できなければならない。

　味覚の受容体はほぼ均等に舌全体に広がっている。生物の教科書で、甘味、塩味、苦味、酸味がそれぞれ別の部分で感知されていることを示す「舌の味覚地図」を覚えた人には少しばかり驚きかもしれない。舌の味覚地図は20世紀初頭にドイツで行われた研究を元にして作られた。この研究では、舌の周辺部分では味によって感じ方がわずかに違うとしていたが、1940年代に英語に翻訳されたときに解釈にミスがあった。その結果、苦味、塩味、甘味、酸味は違う部分で感じることを示す図ができあがり、そのまま広まってしまった。間違った図なのだが、現在でもワインを学ぶ人に教えられていることがある。

　舌には触覚受容体もある。一般にワインの口当たりと言われる口の中での食感は触覚受容器（機械受容器）で感じ取る。触覚受容器は、触れた感じを感知するよう特殊化した神経性の受容器である。ルフィニ小体、メルケル細胞、マイスナー小体、自由神経終末と一緒に口の中全体に広がる。歯科治療で口の中をいじられた経験の

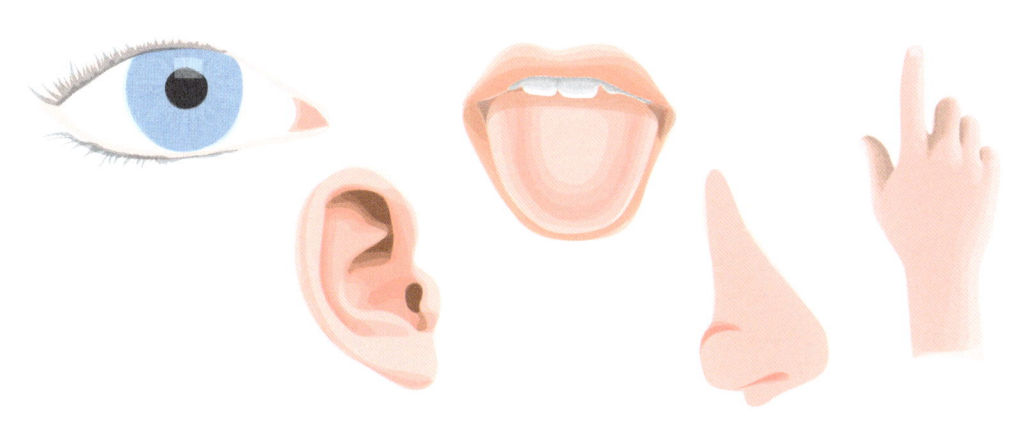

美味しさは多感覚

食べ物は五感で味わうものである（多感覚知覚）。まず味覚（舌の味蕾で感知する）が5種類（または6種類）の基本味を感じ、これが基準となる。嗅覚（とくにレトロネーザル）は美味しさに最も大きな影響を与える。食べ物を味わうときに嗅覚がいかに重要かは、匂いを嗅げなくなって初めて気づく。また触覚も重要だ。口の中の食べ物を触覚で感知することによって、風味の源を特定でき

るからだ。唐辛子の辛味や赤ワインの渋みも触覚によって「味わう」ものと言えるだろう。最後に、視覚も風味のとらえ方に影響を与える。スナック菓子やナッツ、それからクッキーを噛み砕く音などを想像すれば分かるように、聴覚が味を変えることもある

ある方ならお分かりだろうが、私たちは口内環境の変化には敏感だ。口の中の触覚はとても発達していて、とくに舌は上手に探り回って口の中の様子を頭の中で地図のように描く手がかりをくれる。

　ワインの味をめぐる議論の中で、これまで口の中について取り上げられることはほとんどなかったが、飲み込むまでに最もワインと接する場所は口の中である。ワイン通はたいてい匂いを嗅いでから口に含み味わう。ところが匂いをあらかじめ評価しても、口に含んだことで得られるもっと確かな評価がそれに取って代わる。ここで、ワインの感じ方を仲介する極めて重要な働きをするのが唾液である。にも関わらず、ワインを味わうときに果たす唾液の役割があまりにもなおざりにされていることに驚いてしまう。ここからは、唾液の果たす重要な役割について見ていこう。

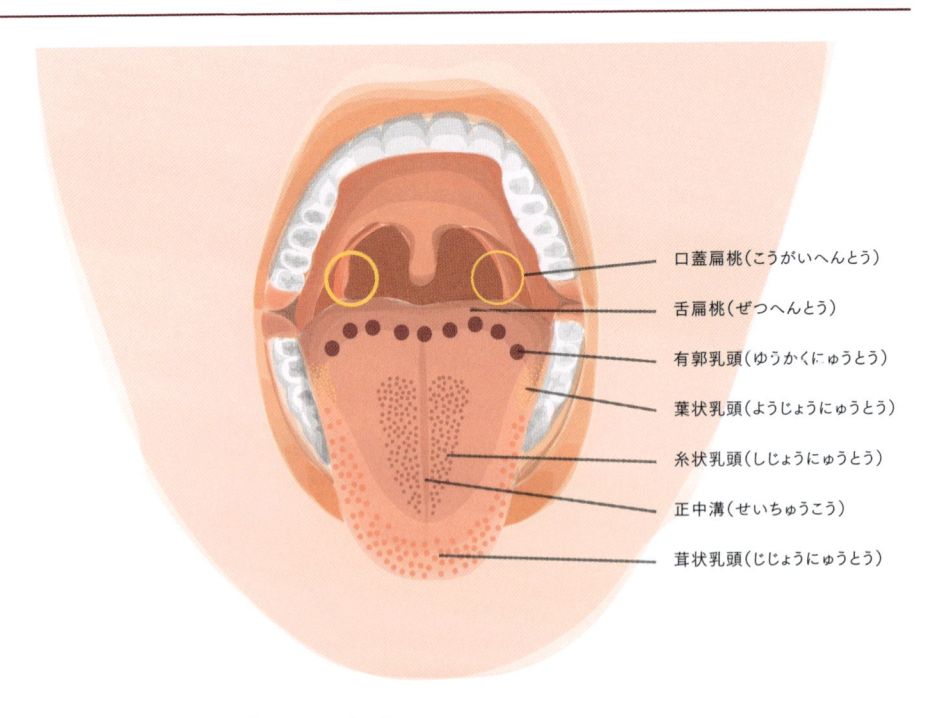

口蓋扁桃（こうがいへんとう）

舌扁桃（ぜつへんとう）

有郭乳頭（ゆうかくにゅうとう）

葉状乳頭（ようじょうにゅうとう）

糸状乳頭（しじょうにゅうとう）

正中溝（せいちゅうこう）

茸状乳頭（じじょうにゅうとう）

舌
味蕾が並ぶ筋肉を舌という。舌は触覚も感じるし、口の中で食べ物を転がすこともできる。味蕾は舌の乳頭の中にある。有郭乳頭、茸状乳頭、葉状乳頭には味蕾があり、糸状乳頭にはない

唾液の役割

　平均的な人の唾液の分泌量は1日に0.5〜1.5リットルで、そのほとんどが飲み込まれているという。唾液は刺激を受けると増える。味や匂いに刺激されることもあるし、咀嚼のように機械的な刺激を受けることもある。さらに唾液は別の刺激要因を思い浮かべただけでも分泌される。かの有名なパブロフの犬は、ベルを聞いただけで食べ物がなくてもよだれを出すようになった。

　唾液は潤滑剤のような働きをするタンパク質、ムチンを含む。ムチンはぬるぬるしていて、水を大量に吸収する。さらにムチンは肺にも広く存在する。肺では表面層を作り、微小の毛（繊毛）の働きで絶えず上向きに移動しながら、肺の表面の汚れを除去する。口の中では表面を覆って滑らかにすると同時に、炎症や病原菌に対する防御の役割も果たす。ムチンは水を吸収するので、口の中の保護潤滑層を程よい厚さに保ち、液体である唾液と共に、不要な微生物や食べ物のカスを取り除く。

　唾液に含まれる高濃度のカルシウムイオンとリン酸塩イオンは歯のエナメル質を守り、再石灰化を助ける。また唾液は食べ物に含まれる酸を中和したり、有害な化学物質を洗い流したり、薄めたりして歯を守る。

　唾液による歯の保護が必要となるのは口の中が傷つきやすいからだ。口の中は暖かく湿っていて、有害な微生物が成長するにはぴったりの条件だ。また歯が酸に敏感なのは、酸が歯を溶かすからである。というわけで唾液には歯を守る大事な役目がある。ところが病気や投薬、ガンの放射線治療などで唾液の分泌が減ったり、まったくなくなってしまったりするまでは、そのありがたさがわからない。口腔乾燥症（唾液の分泌が減少して起こる口の乾燥）の状態を経験すれば唾液の重要性に気づくはずだ。

唾液タンパク質

　唾液成分の中でワインのテイスティングに大きく関わるのは2種

唾液は次の3種類の分泌腺から分泌される水様性の分泌液である。耳下腺（じかせん：頬の中、耳の下）、顎下腺（がっかせん：顎の下）、舌下腺（ぜっかせん：舌の下）。刺激がなくても、ゆっくりではあるが一定量の唾液が分泌されている。刺激がなくても分泌される唾液（安静時唾液）は口の中を湿らせ、歯と口腔内の表面を保護するためになくてはならない

類のタンパク質グループ、高プロリンタンパク質（PRP）と高ヒスチジンタンパク質（HRP、ヒスタチン）だ。PRPは唾液タンパク質のおよそ70％を占め、3種類のアミノ酸、プロリン、グリシン、グルタミンに富む。PRPは酸性高プロリンタンパク質、塩基性高プロリンタンパク質、高プロリン糖タンパク質に分けられ、合わせて20種類ほどのタンパク質を含む。酸性PRPは唾液にしか存在せず、カルシウムと強く結合して、歯の表面にペリクルの層を作ったり、歯の石灰化に十分な量のカルシウムを確保したりと、重要な働きをする。酸性PRPがこのような働きができるのは、カルシウムが高濃度で存在する場合は結合し、足りなくなってくると少しずつ放出するからである。高プロリン糖タンパク質は潤滑剤の働きをしたり、細菌に作用を及ぼしたりする。

　一方、塩基性PRPの役割はひとつだけ。タンニンと結合して沈殿物を作る。HRPはヒスチジンに富む小さなタンパク質で、唾液にしか存在しない。人間では12種類が知られているが、唾液タンパク質のわずか2.5％である。HRPには抗菌作用と抗真菌作用がある。またタンニンともよく結合する。PRPとHRPのもつ、タンニンと結合する性質は、ワインを語るうえでとても興味深い。

タンニンの機能

　1カ所に根を張る植物は、当然ながら動けないので食べられやすい。そのため、自分を食べた相手に「不味い」と思わせるような仕組みを備えるようになった。トゲなどで物理的に防御するだけでなく、化学工場さながら毒性のある様々な二次代謝産物を作り出すのである。

　人間が口にできる植物種は限られている。多くの場合、その限られた植物種の、食べられるために用意された一部だけを私たちは食べることができる。例えば果実が作られているのは、食べられて種子をあちこちに撒いてもらうためだ。ブドウの実は未熟なうちは緑色で葉に紛れ、高濃度のタンニンを含み、強い酸味があって甘くない。種子を撒かれる準備が整うと果実は熟して、いかにも美味しそうで、すぐに見つけられるように変化する。つまりタンニンは植物が

作る、防御のための物質なのだ。

　ワインに含まれるタンニンは様々な状態で存在する。タンニンはもともとは「くっつきやすい」化合物で、アントシアニン（ブドウの皮に含まれる色素）などワインの成分と結合して色素ポリマーを作ったり、その他の化合物とも結合したりする。種子や木質部に含まれるタンニンは皮に含まれるタンニンよりもたいてい小さい。小さいタンニンほど渋みではなく苦味を示すと考えられている。

　唾液に含まれるPRPとHRPには、タンニンが腸に届く前にタンニンと結合して沈殿物を作り、タンニンの害から体を守るという重要な役割がある。植物の防御物質であるタンニンを無効にする唾液の作用のおかげで、その植物がより食べやすくなる。もしPRPがタンニンを沈殿物にしなければ、タンニンは腸内の消化酵素（一種のタンパク質）と反応して、その働きを妨害する。うまく消化できないとその植物を美味しいと感じなくなってしまう。熟していない果物の嫌な味は、タンニンを多く含むためでもある。植物は、熟す前に果実を食べられないように色を変えたり、酸や糖の含有量を調整したりするが、タンニンの働きも大きい。私たちはタンニンの苦味や渋みを美味しくないととらえ、口の中にあの不快感を感じ取ることで有害なものを口に入れないようにしている。ここまで見てきたように、PRPとHRPには2つの役目があると考えられる。1つ目は、食べ物に含まれるタンニンを見つけ出し、危険な濃度であればその食べ物を拒むこと。2つ目は、食べ物中のタンニンの働きを抑えて、消化できるようにすること。ワイン製造の現場では、タンパク質と結合しやすいタンニンの性質を利用して、卵白に含まれるアルブミンなどのタンパク質を赤ワインの清澄剤（清澄とは、発酵後のワインの濁りを沈殿（オリ下げ）させること）として使う。アルブミンによってワイン中の余分なタンニンが沈殿し、タンニンを主張しない味に変わる。

渋みはどんな感覚？

　ワインに含まれるタンニンは主に渋みとして感じるが、渋みは、甘味、酸味、苦味、塩味、うま味には含まれないので味覚によって知る味ではない。渋みを感じ取るのは主に口の中の触覚だ（渋みが味

か否かは科学者の間でもまだ結論は出ていない）。食べ物に含まれるタンニンは、口に入ると唾液中のタンパク質と結合して沈殿物となる。唾液タンパク質にはPRPとHRPがあり、タンニンと結合することで消化酵素を阻害するタンニンの害から体を守る。唾液にはもう1つ、大事な働きをするタンパク質ムチンがある。すでに紹介したとおり、ムチンは口内の表面にぬるぬるした層を作り保護する。タンニンはこのぬるぬるした層を取り除くため、口の表面から滑らかさがなくなり、渇いて引き締まったような感じがする。「渋い」と表されるときに起きているのはこの現象である。

　ほとんどのタンニンは主に渋みとして感じられるが、舌の苦味の受容体が反応するくらい小さなタンニンであれば「苦味」としてとらえられることもある。またタンニンは重合度（1種類の分子が2つ以上化学的に結合して大きな化合物を作ること）が4（基本の骨格が4個結合している。化合物としては小さい）のとき、一番苦味を感じる。重合度が増えると苦味が増え、渋みが減り、重合度が7で渋みが一番強くなる（という研究もある）。7より大きくなると渋みは減る。

　タンニンの渋みは多糖などワインに含まれる成分によって抑えられる。またタンニンは様々な物質と結合して化学構造を変える性質がある。このように、ワインに含まれるタンニンはとても複雑なため、口当たりとタンニンの化学構造との関係については現在も研究が進められているところである。

　おもしろいことにpHの低いワインはタンニンの渋みを感じる（タンニン含量が同じでも、酸味の強いワインほど渋みも強い）。またアルコール度数の高いワインはタンニンの渋みを感じない。ところがタンニンの苦味はアルコール度数が上がると強くなり、pHには影響されない。

　ここで、酸が唾液の分泌を刺激するという、よく知られている現象に注目しよう。唾液の分泌量が増えると唾液タンパク質も増え、さらに多くのタンニンと沈殿物を作る。このことから、タンニン組成が同じ赤ワインでもpHが違えば口当たりも変化することがわかる。したがってpHを低くすると渋みが増すという傾向もいくらか説明できるかもしれない。ただし、それと同時に酸味と渋みを感じることで、ある種の相乗効果が生まれる可能性もある。

ワインの化学組成

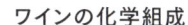

タンニンとフェノール類

ブドウの皮と種子に含まれる。タンニンもフェノール類もとくに赤ワインの重要な成分である。色とストラクチャーに関係する。また熟成能を向上させる

有機酸

酸はワインの重要な要素である。ワインに含まれる主な酸は酒石酸だが、リンゴ酸、乳酸、クエン酸も存在する。ブドウが樹上で熟す間に酸は減るので、暖かい地方ではワインに添加することもある

その他の化合物

ワインに含まれる重要な化合物には極めて低濃度でしか存在しないものもある。すべてを併せるとワインは約800種類のアロマ分子、味分子を含む。したがってワインの風味に関する化学はとても複雑である

グリセロール

アルコールと水以外の単一の化合物でワインに一番多く含まれるのがグリセロール。発酵中に酵母によって作られる。ワインにわずかに甘さを与え、一般に考えられているほどボディあるいは粘度には影響しない

アルコール

アルコールはワインの特徴に大きな影響を与える。深い味わいと甘味を加える。アルコール度数が高すぎるとアロマが匂わなくなり、「熱い」と感じる

水

当然のことだが、ワインの大部分は水である。ワインの水は主にブドウに由来するが、暖かい地方ではアルコール度数を下げるために「水で割る」こともある。水割りは、多くの国で違法行為とされている

唾液とワインのテイスティング

では、唾液やタンニン、渋みはワインのテイスティングとはどう関わるのだろう？ 今度、赤ワインを試飲するときには吐き出した後のスピトゥーン（吐器）をよく見ていただきたい。赤から紫、やや黒っぽい色の細長い塊がある。ワインと唾液が反応してできたものだ。おもに唾液タンパク質がタンニンと結合した沈殿物で、唾液中のムチンの働きにより粘性と弾性ももつ。

普通の状況で飲んでいるならば、体が唾液を作る速さはワインを飲む速さにおそらくついていけると思われるが、テイスティングのように赤ワインの味を識別する際には、タンニンに何度も触れることが問題になる。白ワインの場合はタンニン含量はずっと少なく、問題があるとすれば赤ワインより酸がかなり強いことだ（つまり白ワインのpHの方が低い）。シャンパンやスパークリングワインになるともっと強い酸性を示す。タンニンも酸も、短い間隔で繰り返し触れない限りは、ワインの感じ方を邪魔しない。

専門家がワインを味わう場合などは、まさにこのような触れ方をする状況になる。業務用の試飲会にしろ、品評会の審査あるいは生産地ごとのワインの厳格な評価にしろ、専門家であれば1日に100サンプル以上をテイスティングすることはざらだ。さらに繰り返し評価をすれば試飲数はかなり多くなる。このような状況を対象とした研究の有無は確認していないが、何が起きているかは唾液の分泌という観点から推測できる。

赤ワインの場合、まずタンニンが唾液タンパク質と反応して沈殿し、渋みを感じ、同時に渇いた感じもする。このとき、口内の表面を覆い、潤いを与えるムチンが奪われる。その後、繰り返しタンニンに触れることで深層のムチンも取り除かれる。テイスティングとは違い、普通に飲んでいればこのようなことは起こらない。

同じ味や匂いに繰り返し触れると、たいていの場合はいくらか慣れる。ところが渋みに関しては、繰り返し触れるほどより強く感じるようになる。ワインを口に入れると唾液の分泌が刺激されるが、赤ワインの試飲サンプルを続けて何度も飲むと分泌が追いつかなくなる。

ワインを飲むと、ワインの作用で唾液の分泌量が増えるため、ワインの感じ方も変わる。唾液タンパク質と結合したタンニンは苦味受容体にははまらなくなる。その結果、苦味が減少し、渋みが増えるのかもしれない

このため口内の表面に潤いをもたらすムチンの層を補充できず、その結果、新しいサンプルを試飲するたびに渋みを強く感じ、やがて不快感を覚えるほどになる。試飲を繰り返した日は、とてもじゃないが仕事の後の一杯を飲む気になれない。それほど口の感覚が疲れ切ってしまうのである。

　このような話を紹介したのは、専門家のテイスティングに期待できないと言いたいからではない。テイスティングには、ある程度、謙虚な気持ちで臨むよう伝えたいだけだ。立て続けにたくさんのワインをテイスティングするのは、味覚に疲れをきたすうえに、飲む順番に影響される恐れもあることを覚えておいてほしい。どのようなワインであれ先に飲んだワインによって感じ方が変わる。したがってテイスターごとに試飲サンプルの順番を変えることは、順序を逆にするだけでもよい方法である。

　専門家がしているような続けざまの試飲に唾液がうまく対応できないとなると、何か手だてはあるのだろうか？　基本は、水分を適宜補充すること。体に水分が足りないと唾液の分泌も減るからだ。試飲してワインを吐き出す場合はワインだけでなく唾液も一緒に出ている。1日に分泌される唾液のうち、飲み込まないで吐き出す分があると、体は唾液の不足分を作らなければならない。ところで、テイスターは水と固形物（クラッカー、パン、ブラックオリーブなど）で口の中を洗浄することがある。こき使われた唾液分泌では洗浄し切れなくなるので、そうしてたまったタンニンをいくらか吸収することによって口の中をきれいにする方法である。最新技術を駆使したやり方ではないけれど。

味覚の修復

　口直しの効果を調べた研究がある。様々な口直し（脱イオン水、1g/lのペクチン溶液、1g/lのCBMC＜カルボキシメチルセルロース＞、無塩クラッカー）を使い、渋みの増大を比較した。被験者には同じワインを6回試飲し、3回目の後に口直しで洗浄してもらったところ、渋みの増大を一番抑えたのは無塩クラッカー、一番効果が少なかったのは水だけの場合だった。また、どの口直しを使っても渋

みは強くなった。別の実験では、ペクチンですすぐのが一番効果的で、次が無塩クラッカーという結果も出ている。CBMCは条件によっては効果が現れた。

　ワインのテイスティングならば1日に100を超えるサンプルの試飲も珍しくないが、官能検査（視覚や聴覚、味覚・嗅覚・触覚など、人間の感覚によって製品の品質を判定する検査）では許されない。味覚が疲労して「雑音」が生じるため統計的に有意な結果が得られなくなるからだ。たくさんのサンプルを試飲せざるをえない状況でワインの微妙な質を識別するにあたっては、経験を積んだ有能な審査員は的確な判断を下す能力を保つ。ところが味覚が疲れると上質のワインの評価に欠かせない細やかな判別がしにくくなる。

　確かに、試飲するワインの数が少なく、味覚が回復するほど十分に間を開けて試飲するのであれば、より間違いのない結果が得られるだろう。高級ワインについてはわずかな質の違いが大きな意味をもつ。上質の赤ワインを評価する場合は口当たりも重要な要素になる。特に年代物のワインでは上品さと調和が重視されるが、それも口当たりに負うところが大きい。このようなワインを品評するときはサンプル数は減らされる。

　唾液とワインのテイスティングに関してもう一点、強調したいことがある。唾液の組成と分泌量の個人間および個人内での差だ。唾液の組成や分泌量は人によって違う。同じ人でも水分補給の状態や時間帯、感情や薬剤の影響など様々な要因によって変化する。さらに人口の10〜15％が主に口で呼吸をしていて、これが唾液の蒸発に少なからぬ影響を与えている。口呼吸をすると1日に350mlの唾液が失われるそうだ。

　結局のところ、私たちがワインに最も深く触れるのは口の中だ。したがって口の中の環境はワインの感じ方に間違いなく大きな影響を及ぼす。仲介役の唾液があるからこそ私たちはワインを味わうことができるのだ。ワインを味わうということを理解するには、風味の感じ方とは切っても切れない唾液と口の中の環境も考慮しなければならない。

　本章では味覚と嗅覚という化学感覚を見てきた。人間の嗅覚が過小評価されていることに着目し、日常生活の中でいかに重要か

を考えた。また食べ物を食べているとき感じる風味は、触覚を通じて口の中から生じていると思いがちだけれども、味覚は風味を感じるうえでは基本的な働きしかしないことも指摘した。ワインにとって触覚がとても重要な感覚だということにも触れた。ワインを味わうとき、あまり重きは置かれていないけれども実は口当たり（食感）も大きく関っていて、ここでは唾液がワインの味わいを左右する。次章では脳について、脳は風味の多感覚知覚をどのように作り上げているのかを見てみよう。

個人間および個人内に見られる唾液の違いは、赤ワインの口当たりに影響を与えるようだ。ということはワインのテイスティングには、味蕾の密度、嗅覚受容体の種類、知識と経験といった要因に加え、個人差も絡むことになる。さらに個人内に見られる唾液の変化については、テイスターならば意識していなければならない

ワインと脳

　私たちが目や鼻を通じて刺激を感じ取っているとき、1つの感覚で処理しているように見えるけれども、実は複数の感覚が絡んでいる。様々な感覚（味覚、嗅覚、触覚、聴覚、視覚）はいくらか重なり合っていて、私たちはそれぞれの感覚からの情報を1つのまとまったものとして感じ取っているという解釈が現在では主流だ。感覚をこのようにとらえると、ワインのテイスティングに関する考え方も大きく変わる。

脳の役割

　この章では、ワインをテイスティングするとき、脳が感覚情報をどのように処理するのかを見ていく。化学感覚は計測装置のようには作用しない。ワインを前にしたとき、計測装置ならば味分子と匂い分子をそれぞれそのまま検出するところだが、舌と鼻は違う。私たちはワインに、はっきり認識できる風味という感覚を感じるのだ。風味とは、味覚、嗅覚、触覚、視覚、さらには聴覚からの情報を脳が1つにまとめたものであり、そのおかげで私たちは食べたり飲んだりするものを美味しいと感じることができる。何かに出会うとまず無意識の段階で複数の感覚情報が統合され、その後、その感覚をはっきり意識する。近年、知覚をこのような多感覚の観点から考える研究者が増えてきている。

　私たちの頭の中には柔らかいゼリーのような器官、脳がある。重さは1.4kg前後で、情報処理を専門にする細胞（神経細胞）が1,000億個ほど詰まっている。人体の中でもずば抜けて複雑な器官だ。それぞれの神経細胞は膨大な数の神経細胞とつながり、この相互のつながりによってまさに私たちを「私たちたらしめるもの」が決められる。記憶も性格も、感情も希望も恐れも夢も、ひとえに脳が適切に機能しているおかげで生じるのだ。

　脳の神経細胞は電気信号を発生させたり、神経伝達物質や神経情報物質を放出したりして互いに情報を伝え合っている。脳では

ワインのテイスティングを頭で理解しようと思うなら、何よりもまず私たちの体は計測装置ではないことを理解しなければならない。どれだけ訓練しようとも、自分の意識が見せてくれる現実は厳密な意味での現実ではない。私たちの経験している世界は、脳によってあらかじめ編集されているのだ

複雑な構造のもとで様々な情報を分類し、整理する体系が出来上がっている。脳の仕組みについては、1960年代にポール・マクリーンが提唱した三位一体モデル（57ページ参照）が最近まで支持されていた。三位一体モデルでは、脳は生物の進化とともに発達してきたと考え、脳を、互いにつながってはいるものの競合する3つの構造に分ける。1つ目は、性欲や攻撃欲、食欲といった人間の基本的な活動を機能させる爬虫類脳。2つ目は旧哺乳類脳と呼ばれる大脳辺縁系で、ここでは感情が生まれる。3つ目が新哺乳類脳。認知を担ういわゆる大脳皮質である。マクリーンのモデルでは新哺乳類脳が他の原始的な脳を支配すると考えられた。階層的な三位一体モデルは寓話めいていて、世間で広く受け入れられていた。今日でも、爬虫類脳に導かれて本能の赴くままに道を踏み外してしまったという話にすんなり納得してしまう人もいる。人としてあるまじき振る舞いをしても爬虫類脳を持ち出せば免罪符になるとでも言わんばかりだ。

情報が階層構造の中を直線的に伝達されるとする三位一体モデルは、現在の脳科学では否定されている。たしかに脳をいくつかに分けて、特定の機能を特定の領域に帰すると理解しやすいが、実は脳では膨大な数の細胞がつながり合い、互いに信号を行きつ戻りつさせながら複数の領域で同じ仕事に携わっている。またマクリーンのモデルでは感情の上に理性が置かれたが、実際には感情も意思決定に関わっているので、どちらが上でどちらが下とは片付けられない。

脳が世界を組み立てる

脳は舌や鼻、目や耳から入ってきた感覚情報をそのまま意識に伝えるのではなく、そういった感覚情報を組み立てて1つにまとめたものを私たちに見せてくれる。感覚系には大量の情報が洪水のように押し寄せていて、どれもこれも同じように関心をもってしまうと、知覚や意思決定といった処理作業に溺れてしまう。そこで脳は、データの海の中から最も関連性の高い要素だけを取り出す。このような一連の作業を「高次処理」という。

カロリー摂取量の約20％が脳に使われている。ところが、体重を落としたい人はがっかりするかもしれないが、一生懸命考えたり、賢く振る舞ったりしてもカロリー消費が増えるわけではない。脳で消費されるエネルギーの大部分は、特定の仕事ではなく、脳がきっちり仕事をこなせるように脳全体の維持に使われる

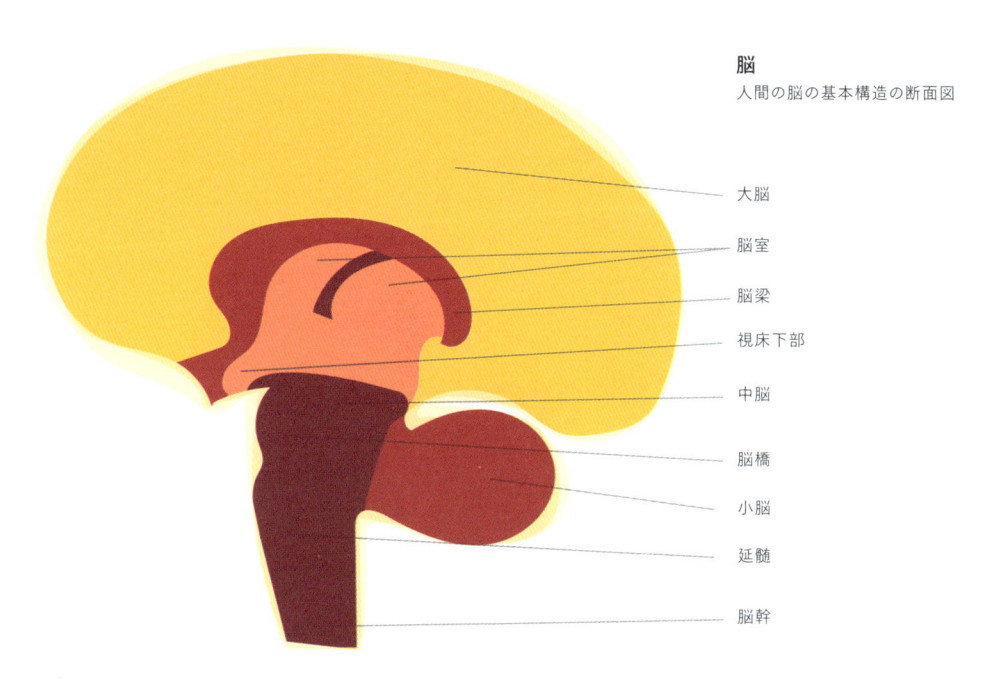

脳
人間の脳の基本構造の断面図

大脳

脳室

脳梁

視床下部

中脳

脳橋

小脳

延髄

脳幹

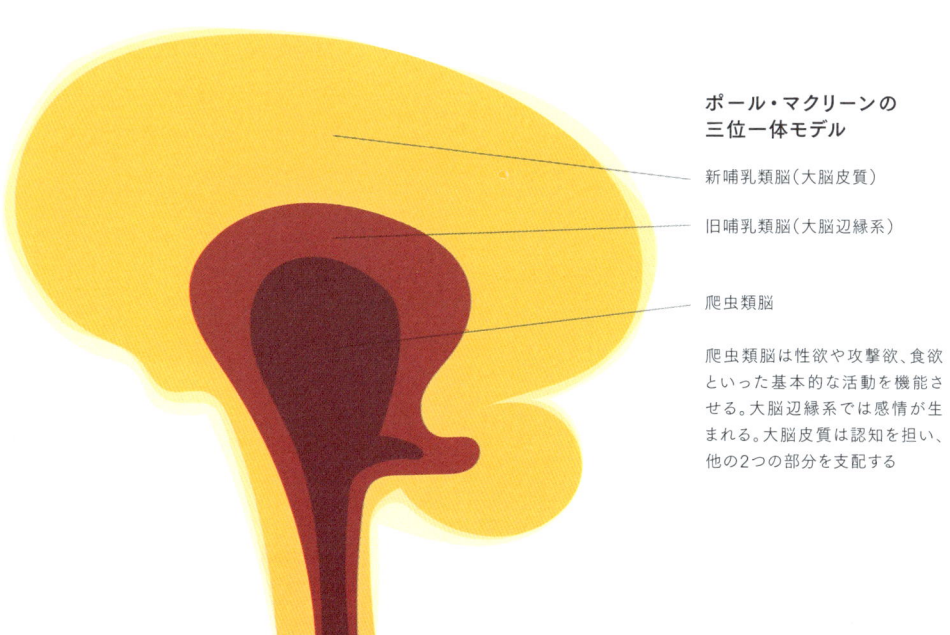

**ポール・マクリーンの
三位一体モデル**

新哺乳類脳（大脳皮質）

旧哺乳類脳（大脳辺縁系）

爬虫類脳

爬虫類脳は性欲や攻撃欲、食欲といった基本的な活動を機能させる。大脳辺縁系では感情が生まれる。大脳皮質は認知を担い、他の2つの部分を支配する

少し見方を変えてみよう。感覚系は周りの世界を包み隠さず教えてくれていると思いがちだが、実は私たちが経験している世界は編集された現実である。つまり生き延びて活動するために最も必要な情報を脳が選んで見せてくれているのである。

現実と表象

現実と表象（現実には知覚していないが心に思い浮かべられるイメージ）をわかりやすく示す例を見てみよう。家で飼っているイヌは飼い主と一緒の空間で生活していながらも、人とは違い嗅覚でできた世界で生きている。一方、飼い主の前には視覚による世界が同じくらい鮮やかに広がっている。またネズミなど小動物の多くは匂いを嗅いだりヒゲで探ったりして、周りの状況を把握する。さらに言えば、ラジオやテレビのスイッチを入れたり、携帯電話をかけたりすると、空中には情報が飛び交っているのに、専用の装置がないと

外からの刺激　　　→　　　脳が先回りして
情報を結びつけて処理する　　　→　　　編集された最も興味のある部分を
体験する

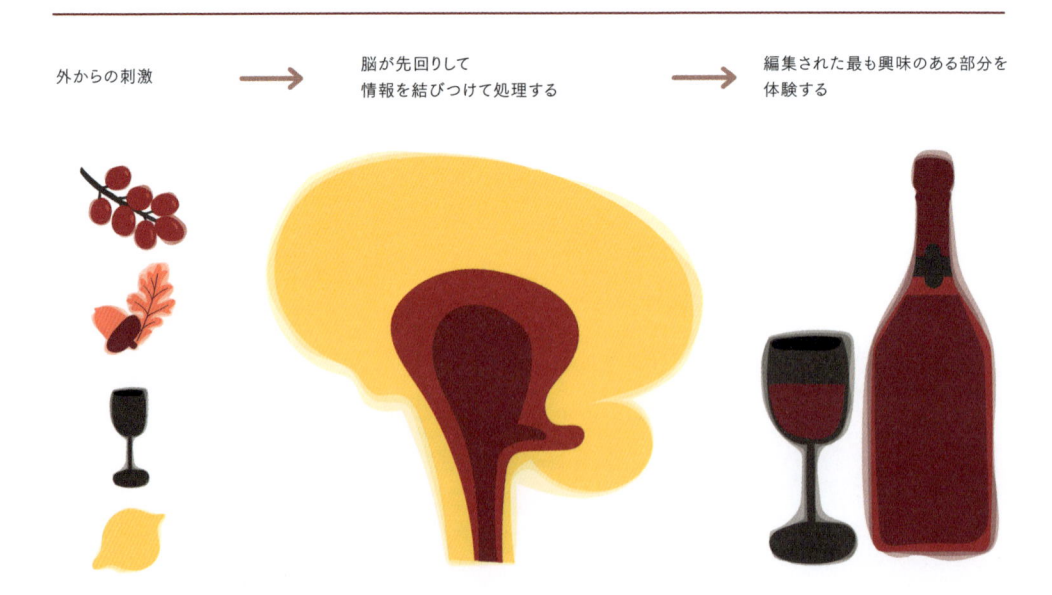

脳が現実のモデルを作る
私たちの周りの世界は脳によって作られている。私たちの意識がとらえている世界は、高度に編集された現実なのだ。知覚していることに気づくまでに、すでにいくつもの編集作業が済んでいるのである

解読できない。カフェウォール錯視（60ページ参照）などの錯視からも、私たちは時に存在しないものを見ていることがよくわかる。私たちが「見ている」ものは必ずしもそこにあるわけではないのだ。第1章で見てきた共感覚からも、同じことがわかる。

　地図で考えてみよう。正確さという意味において「完璧な」地図を求めると、物理的な現実にぴったり一致するものになる。例えば私の住むロンドンならば、ロンドンと同じ大きさで、1つ1つの情報が詳細に書き込まれているのが究極の地図だろう。ところがこのような地図は使い勝手がはなはだ悪い。つまるところ良い地図とは、必要な情報だけを載せている地図なのである。歴史に残る地図の最高傑作と称されるハリー・ベックのロンドンの地下鉄路線図（1931年）を考えてみよう。この地図の独創性は、地下鉄の線路を、実際の地上の地形から独立させた点にある。そうすることで一気に、とても機能的で整然とした美しい地図になる（後にこの地図は、世界中の地下鉄路線図のお手本となった）。

　かくして、私たちは現実とは違うけれども実用に即した方法で示される地図を見て、現実の地理を把握する。これこそが、私たちが感じているときに脳がしている仕事である。脳が見せてくれる現実はいろいろな意味で良い地図と同じである。つまり私たちが見ている現実とは、正常な活動をするために必要なものであり、不必要な細々した情報の一切は省かれている。現実に基づく、けれども現実とは違う、様々なレベルの表象なのである。

脳の高次処理

　こうした脳の高次処理については、感覚系の中でもとくに視覚系で解明されつつある。例えば視覚系が環境の中から最も必要と思われる特徴を取り出す仕組みが突き止められている。周りに動いているものがある場合、その動きを鋭くとらえるのは、視線が向いた方向以外の視覚（周辺視野）だ。周辺視野の神経細胞は物体の動きをすぐに感知できるのである。また、顔は物事を解釈する際に重要な手がかりとなるため、脳には顔の視覚情報を処理する仕組みがある。商品の内容に関係ないのに、やたらと顔が使われている広告

や雑誌の表紙をよく見かけるのには、このような理由があるのだ。

　風味を感知する際にも脳の高次処理は重要な働きをする。私たちは化学物質の刺激を四六時中浴び続けていて、脳はその情報をより分け、重要なものだけを通している。どうやら脳の大部分は、現実を適切に編集する作業にもっぱらはげんでいると思われる。例えて言うなら夕方のニュース番組で使う15分のコーナーを作るために、ニュース室のスタッフが一日中忙しく、記者の取材情報を取捨選択しているようなものだ。

　風味を感じたり、ワインを味わったりするとき、複数の感覚（多感覚）がどのように処理されるかはすでに見てきたが、私たちはすべての感覚から受け取った情報を意識に上る前に興味深い方法で1つにまとめ上げる。脳は風味を知覚するためにとてもおもしろいことをしていて、これについては確かに理論の上ではわかっているが、実体験にはどう関わってくるのだろうか？　その点については、多感覚知覚の影響を研究している、オックスフォード大学のチャールズ・

カフェウォール錯視
上の絵を見ると、存在しない図柄が浮かび上がる。どの線も実際は平行なのだが、緩やかなカーブを描いているように見える。視　　覚はありのままの現実を見せてくれるわけではないことがわかる

スペンスがおそらく第一人者だろう。ベティーナ・ピケラス＝フィッツマンとの共著『The Perfect Meal（パーフェクトミール）』（2014年）では、究極の食事体験を生むためにどうしても切り離せない、あらゆる要素について考察している。スペンスの頭には、科学や神経科学の力を借りれば、私たちはあらゆる感覚を満足させる、本当の意味で完璧な食事（パーフェクトミール）に少しでも近づけるのだろうか、という問いがあった。スペンスの研究から得られた答えはワインのテイスティングとも大いに関連している。

スペンスによれば、残念なことに、このテーマの研究は他にはほとんどないそうだ。「同僚たちは食べ物に関心がない。食べ物を使って実験をすると汚れるし、扱いが面倒だ。被験者はすぐに満腹になるし、こぼしたりもする。だからコンピュータを使って画像を点滅させる方を選ぶのだ」。スペンスはまた、ウィリアム・ジェイムズが1892年に残した言葉を紹介している。「食べ物を愛する人々が大切にしているもの、すなわち味、匂い、喉の渇き、空腹は心理学からはほとんど関心をもたれていない」。

世界の一流シェフがパーフェクトミールを話題にするときには、自分の創造の現場を感覚という観点でとらえている。フェラン・アドリア（スペインのエル・ブジ元料理長、現在は閉店）に言わせると、料理ほど多感覚で感じる芸術は他になく、「私はつとめてすべての感覚を刺激するつもりでいる」そうだ。イギリスではヘストン・ブルメンタール（有名レストラン、ファット・ダックのオーナーシェフ）が、いろいろな活動の中で食べることだけがすべての感覚、すなわち味覚、嗅覚、触覚、視覚、聴覚を必要とする、と述べている。私たちは五感を総動員して、皿に盛られた食べ物の風味を感じたり、楽しんだりしているのだ。ブルメンタールと協力しているスペンスによれば「皿からの情報を処理して脳に伝える方法や、風味を好きあるいは嫌いになる、楽しむ、欲する、記憶するといった仕組みに感覚がどのくらい影響を与えているのかは誰にもわからない」。

ところがパーフェクトミールに絡むのは感覚だけではない。「記憶や感情も関係している」。「パーフェクトミールは演劇のような様相を帯びつつある。想像力をかきたて、物語性で心を揺さぶり、そして記憶に残る食事となる」とスペンスは説明する。スペンス本人は料

「残虐な人だろうとそうでない人だろうと、どんな人にも食の美学が完全に満たされる瞬間が一生に一度は訪れる。その瞬間は、肉体と同じくらい精神にとっても意味深いはずだ。あらゆることに狂いがなく、不協和音をもたらすものは何もない。すべての感覚と感情が溶け合って1本の琴線となり、ある種の調和が保たれた状態なのである」
M.F.K.フィッシャー『食の美学』（本間千枝子、種田幸子訳、阪急コミュニケーションズ、1986年）

理下手だというが、パーフェクトミールに対しては科学の視点から協
力を惜しまない。「見た目によって味はどんな風に変わるのか、心に
浮かんだ印象は匂いをどう変えるのか、匂いが変化すると味はどん
な風に変わるのか。オックスフォードの研究室で私たちは毎日こんな
ことを考えている。すべての感覚はつながっているが、その仕組み
は誰にもわからない。どの感覚も、私たちが理解している以上に影
響を及ぼし合っている。その方法については科学によって解明され
始めたところだ」。

スペンスは、シェフたちが直感的に見抜いた、素晴らしい食事体
験に必要な要素を教えてもらい、それを研究すれば明らかになる
ことがたくさんあると考える。例えば2ヶ月前に予約しなければなら
ないレストランがあるとする。予約を入れれば期待が高まる。ひと月
前に香り付きの手紙で通知を受け取る。匂いを嗅ぐとレストランに
入ったような気分になる。食事を終えて帰り際に飴でももらえば、覚
えが良くなるはずだ。

ナイフやフォークなどのカトラリーはどうだろうか？　ファット・ダッ
クでは重いカトラリーを取り入れているが、重みのあるカトラリーは
味をよくするのだろうか？　これについて、スペンスは次のような実
験を紹介している。エジンバラのシェラトン・グランドホテルで行っ
た、カトラリーの重さに着目した実験だ。被験者160人の半数にい
つも通りの重いカトラリー、残り半数に軽いカトラリーを使って同じ
食事をとってもらったところ、重いカトラリーのグループの方が高い
金額を支払おうとしたのだ。

他にも「デジタル調味料」というものがある。これを最初に取り入
れた料理はブルメンタールの「海の音色」だ。iPod Shuffleを入れ
た法螺貝を料理に添え、ヘッドフォンで海の音を聞きながら食事を
すると美味しさが増すという趣向だ。ロンドンのあるレストランでは
中流層向けにこのアイデアを取り入れ、店で出すどの料理にもテー
マ音楽をつけたという。

またスペンスは、多感覚を押し出した、注目の新しいレストランも
いくつか紹介している。上海の「ウルトラバイオレット」は座席が10席
しかない、秘密のレストランだ（客は専用のバスで店まで連れてきて
もらう）。室内はハイテクを駆使した体験型の仕様になっていて、料

理ごとにぴったりの雰囲気が演出される。フィッシュ・アンド・チップスなら海の音が流れ、テーブルにはプロジェクションマッピングでイギリス国旗が映し出され、専用装置から海の香りが立ち込める。まさに多感覚で味わう料理だ。

風味に関わる視覚的要素

　視覚は風味に対してとても大きな影響を与える。スペンスに言わせると「私たちは視覚に導かれている」そうだ。ここでもまたブルメンタールの料理が登場する。スプーンの上には赤ピンク色の料理。一見、イチゴのアイスクリームのようだが、実はカニの濃厚なスープだ。ブルメンタールはとびっきりの味だと思うのだが、客は、味が濃くて塩辛いという。見た目は「甘」そうで、味は「うま味」に訴える調理を、第一印象の期待のままに食べるとしょっぱすぎることになるのだ。「この料理に対しては、最初に抱く印象がまず正しくなければならないし、そうすると名前も適切なものしなければならない。そうすれば何も期待せず、新鮮な味覚でとらえ、ちょうどよい味加減と感じるはずだ。つまりシェフは食べる人の気持ちにまで入り込み、期待を引き出さなければならないと言えるだろう」。

　スマートフォンが全盛で、食事の写真をソーシャルメディアで見るような現代では、食べ物の見た目はかつてないほど意識されるようになった。ひるがえって1960年代、フランス人シェフは見え方など気にもとめていなかった。食べ物は紛れもなく味の領域であり、家庭と同じように何のてらいもなく皿に盛って振る舞われていた。その後、ヌーベルキュイジーヌ（フランス語で「新しい料理」を意味する言葉で、料理や見せ方のスタイルの1つ）の流れが生まれ、料理のあり方が変化し始めた。「21世紀に入り、いまやパーフェクトミールの時代だ」とスペンスは言う。ということは、料理を味わうとき、盛り付けは大事な要素ではあるが、はたして味にまで違いを与えたりするのだろうか？　答えはイエスだ。今日、左右非対称の盛り付けが主流だが、実験では、被験者は左右対称の方を好み、左右非対称だとあまり美味しく味わえず、さらに少し低めの値段をつけるという結果が出ている。

今度は食のあり方に目を向けてみよう。食料は有限であるから、現在の状態を維持し続けることは不可能だ。いずれは昆虫も食料にすることになるだろうとスペンスは考えている。しかし今のところ、昆虫食に魅力を感じる人はほとんどいないだろう。そこでスペンスたちは、食べ物に関する心理学の知見を応用して、未来の食料は決して口に合わないものではなく、とても美味しいことをなんとか納得してもらえるよう取り組んでいる。

　またスペンスたちは食べ物に対する心理学的アプローチをさらに広げて、環境の変化がワインの感じ方に及ぼす影響も研究している。2014年5月、ロンドンのサウスバンクで4日間にわたって、おそらく世界最大規模の多感覚テイスティング実験をした。照明の色と音楽が繰り返し変化する部屋で約3,000人に赤ワインを試飲してもらった。黒いテイスティンググラスにワインを注ぎ、味、風味の強さ、好みを評価スケールで示してもらった。最初の2日間はワインを飲んでいる間、照明を白、赤、緑と変えて酸味を強める音楽を流し、それから照明を赤くして、甘味を強める音楽を流し、それぞれ評価してもらった。残る2日間は照明は白、緑、赤で「甘い音楽」をかけ、その後、照明を緑色にして「酸っぱい音楽」をかけた（この入れ替えは順序効果を除外するため）。結果、緑色の照明、酸っぱい音楽のもとでは、いずれも風味はあまり強く感じなかった。一番好まれたのが、甘い音楽を聴きながら赤い照明のもとで飲むワインだ。ちなみに緑色の照明、酸っぱい音楽の場合、新鮮さは14％増加し、風味の強さは9％減少したそうだ。この数字はかなり大きいように思われる。被験者の数が多いことを考えると、安定した、素晴らしい結果であろう。

　さらにスペンスらは、聴覚が風味の感じ方に及ぼす影響も調べた。ソーダ水とプロセッコとシャンパンを注ぐ音を聞き分けられるかどうかを確かめたところ、おもしろいことに偶然以上の結果が得られた。音によって風味の感じ方に違いが現れたのだ。つまり聴覚にはスパークリングワインの感じ方を変える働きがあるかもしれない。コーラの栓を開ける時のポンという音（あるいはスクリューキャップのピシッという音）はどうだろうか？　ワインを飲もうとしているとき、こういった音によって期待が膨らむのだろうか？

脳のデータを集める

　風味には複数の感覚が複雑に絡み合っていると思われる。細胞レベルに目を転じると、食べ物や飲み物を受け取った受容体は電流を発生する。脳内ではその電流が1つにまとめられて風味として意識されるのだが、これは一体どのような仕組みになっているのだろうか？

　機能的磁気共鳴画像法（fMRI）という新しい技術が登場し、活動中の脳を視覚化できるようになった。従来のMRI診断では、被験者は大きな円筒状の磁石の中に横たわり大量の磁場を浴び、その作用により体内で発生した信号をもとに組織や器官の三次元画像が作られる。fMRIはMRIにひとひねり加えた装置で、とくに脳の血流量の変化を測定する場合に使われる。脳細胞の活動が活発になると脳は血を求める。fMRIは、脳の求めに応じて増えた血流に対応する信号を計測する。fMRIを用いると、例えばチョコレートのことを考えたり、中指を動かしたりするとき、脳のどの部分が使われているのかがわかるのだ。fMRIの開発当初は、検出する血流量と実際の脳活動との間に直接の相関関係があるかどうかが議論されたが、現在では相関しているということで一致している。

　一方でスペンスは、fMRIを使った研究結果に信頼を置きすぎることに懸念を示している。「実験の被験者になったとしよう。まず台に乗せられ頭はしっかり固定される。120dbの作動音を遮るためにヘッドフォンが渡され、口にはチューブが差し込まれる。そして棺のような筒の中にゆっくり入れられ、その状態のまま一定時間ごとに4mlの液体が口の中に噴き込まれる」。確かにこのような実験をすれば脳の様々な部分がパッと働いていることがわかるが、その状況はありのままの現実の世界とは言い難い。「少々行き過ぎていると思う。このような機械の中に寝転がって、しかも口の中に定期的に噴霧されるピューレ状でパーフェクトミールを食べたいと思う人はいない」。「解明されることもあるし、重要なことも出てくるだろうが、パーフェクトミールやパーフェクトミールを極める方法については何もわからないと思う」とスペンスは言う。とはいうものの、今までに得ら

fMRIでは脳の信号を確実に検出するために、被験者は大きな金属製円筒の中に寝かされ、頭は動かないように固定される。fMRIには計測上の問題や実験の難しさがあるため、まだ明らかになっていないことがたくさん残っている。

ワインの味に与える色の影響

ワインを黒いグラスに注ぎ、各被験者に飲んでもらう実験を行った。室内に流れる音楽と照明の色を何度も変化させるというものだ。照明の色は赤、白、緑、音楽は「甘味」を強めるものと「酸味」を強めるものを使った。そして被験者には味、風味の強さ、好みについてスケール評価をしてもらう。結果、緑の照明、酸味を促す音楽の元では新鮮さを感じ、風味はあまり強く感じなかった。赤い照明に照らされ、甘味を促す音楽を聴きながら飲むワインが一番好まれた

れたデータの中には、ワインのテイスティングに大きく関わるものや、人間とワインとの対話に揺るぎない理論的基礎を与える重要なものもある。

味の感じ方と記憶

　脳内では風味がどのように処理されているかという話題に戻ろう。味覚と嗅覚は連携して、栄養のある食べ物や飲み物を見きわめ、また害のある食べ物から体を守る働きをする。このような大事な仕事ができるのは、脳が必要な食べ物を報酬系への刺激（いい匂いがしたり美味しかったりする）と結びつけ、必要のない食べ物をまずいと判断するからだ。そうするためには、風味の感じ方を記憶（美味しかった食べ物や、具合の悪くなった食べ物を覚える）や感情（空腹になると食べ物に対する欲求が高まり、その欲求に突き動かされてちょうどよい食事を探す）の処理とつなげる必要がある。食べ物を探すという行為は代償を払うし面倒くさいため、強い誘因がなければ人は動かない。そんなとき空腹と食欲を感じると、私たちは体の中から強く突き動かされて食べ物を探しに出かけるのだ。

　第2章で見たように、味覚は舌から始まる。嗅覚に比べると味覚から得られる情報は少ない。基本的な味がわずか5または6種類なのに対して、私たちが区別できる匂い物質は何千種類もあるからだ。嗅上皮には嗅覚受容細胞があり、匂い分子を感知すると電気信号を発生し、嗅球を経由して嗅皮質に伝える。

　この段階で脳の一次味覚野と一次嗅覚野には、刺激の識別と強さ以外の情報は何もないようだ。まだ生の情報に近くこれだけではあまり意味がない。次に脳は、先に説明したような複雑な高次処理をし、大量のデータの中から必要な情報を抽出して意味を読み取る。ではここで、ウォーウィック大学の実験心理学教授、エドモンド・ロールズの助けを借りよう（以前はオックスフォード大学に勤めており、実験の大半はここで行った）。ロールズはfMRIも使い、脳の眼窩前頭皮質という部分を研究している。

　ロールズらは、味覚と嗅覚が一緒に運ばれて風味の感覚をつくる場所が眼窩前頭皮質であることを明らかにした。触覚や視覚など

からの感覚情報もこの段階で一緒になり、1つにまとまった複雑な感覚が生まれる。その後、触覚を手がかりに感覚の源が口の中にあることを突き止めると、食べ物や飲み物を飲み込んだり、吐き出したりする。またロールズは、味や匂いに対する報酬価（快不快の強さ）の現れる場所が眼窩前頭皮質であることも示した。口の中の食べ物が美味しいのか、味気ないのか、まずいのかも眼窩前頭皮質で決める。別のfMRI研究によると、脳は強さと快不快強度という2つの要因で匂いを分析する。強さに対応するのは扁桃体、匂いの良し悪しを決めるのは眼窩前頭皮質である。

多感覚処理

　眼窩前頭皮質には、味覚と視覚、味覚と触覚、嗅覚と視覚といった2種類の感覚に反応する神経細胞がある。2種類の感覚情報を一体化させて処理（多感覚処理）できるようになるには学習しなければならないが、時間がかかる。たいていはその異なる感覚の組み合わせを繰り返し経験してから、固定されるのだ。新しい食べ物やワインに出会っても、良さをわかるまでには何度も口にしなければならなかったりするのも、このような理由による。眼窩前頭皮質では条件刺激連合学習も起こる。未知の食べ物（条件刺激）を食べたところ、美味しいのだけれど、吐き気をもよおしてしまった（連合）としよう。連合の結果、次回からは口に入れた途端嫌な感じがして出してしまうだろう。おかげでまた吐き気を催さずに済むわけで、言ってみれば防御機構である（ところがこの嫌悪の感情が発現する機構は弱いため、わかっていながらあえて無視する場合もある）。

　眼窩前頭皮質に関するロールズの研究の中で、ワインのテイスティングに直接関わるのは「感覚特異性満腹感」の研究である。感覚特異性満腹感とは、ある食べ物を満足するまで食べると、報酬価（美味しいと思う度合い）が下がるという現象である。しかも満腹になるまで食べてしまうと、他の食べ物よりも魅力を感じなくなってしまう。例えばバナナとチョコレート、どちらも好きな人がバナナばかり食べ続けたとしよう。いよいよバナナはもう要らないと思っても、チョコレートにはまだ魅力を感じる。脳は実にうまいことをするもの

だ。こうしておけば私たちは、バランスよく栄養を摂取できる。ロールズがfMRIを使って調べたところ人間の眼窩前頭皮質では、満足するまで食べた食べ物の匂いに対する反応は減少したが、まだ食べていない食べ物に対する反応は変わらなかった。また、満足するまで食べた食べ物の匂いの強さは変わらず同じように感じたが、美味しいと思う気持ち（快不快強度）は変化した。

さらにロールズは、飲み込まなくても感覚特異性満腹感が起こることを示した。この点についてワインとの関連から質問を受けたロールズは、普段は推測には慎重な人物だが、テイスターが同じような味や匂いに繰り返し触れるワインテイスティングには感覚特異性満腹感が何らかの影響を与えるかもしれないと答えている。大規模な業務用試飲会では、一度に何百種類ものワインを飲むことがままある。このような場で同じ味や匂い成分（タンニン、果実味、オークなど）を含むワインを飲み続け、感覚特異性満腹感が起これば、最初に飲んだワインと最後に飲んだワインとでは脳の処理の仕方が違ってくることが考えられる。

分子を匂いに変える脳の仕組み

これまでの匂いの研究は主に受容体と分子に着目していた。1991年に嗅覚受容体の遺伝子が発見されて以来、人間の400種類ほどの嗅覚受容体を匂い分子の化学構造と対応させる研究が進められてきた。ではこの研究はどのようなことにつながるのだろう？　嗅覚受容体の認識した個々の分子の特徴を特定できれば、それを元に具体的な合成匂い化合物を設計できるようになる。そうなれば数千億円規模の香料・化粧品業界に大きな恩恵をもたらすだろう。

嗅覚系の機能を理論的に考えてみると、嗅神経細胞ごとに1種類の受容体が対応し、各受容体は1種類の匂い分子を認識するという仕組みが最も単純と思われる。匂いを嗅ぐロボットを作るとしたら、このような方向で設計するはずだ。人工電子鼻も同じ理屈に基づき、特定の化学分子の構造を認識するよう調整されている。

このように考えていくと、分子を感知した受容体は電気信号を発

し、その電気信号は脳で処理され、脳は、感知した分子にまつわる意識的知覚を私たちに与えることになる。ここでもう一度、ロボットの嗅覚設計について考えてみよう。ロボットが匂い情報に基づいた行動をするには、調整済みの受容体から電気信号を取り出し、電気信号の意味を表現しなければならない。「表現する」という概念はパソコンからの類推がわかりやすい。例えばキーボードのAを打つと、信号が流れ画面にaが、シフトキーを押していればAが現れる。単純な嗅覚系ならば、イチゴやバニラといった匂いを感知した受容体が電気信号を発し、脳は受け取った電気信号をイチゴまたはバニラの匂いとして意識を与える。最初のところの受容体と分子の反応を、電気の活動と脳による処理を元に匂いとして経験すると思われる。この仕組みは、キーボードを押して画面に文字が見える流れと同じように、私には不思議でしょうがない。

　ところで、今見てきたようなロボット嗅覚は明らかに単純化しすぎている。というのも人間の嗅覚受容体は400種類ほどなのに、認識できる匂い分子は1万種類にも上るからだ。つまり、すべてではないにしろ多くの嗅覚受容体が2種類以上の匂い分子を認識していることになる。とすると、ある種の組み合わせ信号を使って、個々の匂いを知覚しているはずである。

　さらにもう1つ問題がある。ワインやコーヒーの匂いを考えてみよう。その香りは数千とは言わないまでも、数百種類の芳香族化合物でできている。それなのに私たちはワインの香りもコーヒーの香りも1つの匂いと見なす。単純なロボット嗅覚系では、1つの受容体が1個の匂い分子を認識し、その情報を読める形で表現するだけだ。たくさんの匂い分子の入り混じる中で生活している実際の状況では、単純なロボット嗅覚系は十分に機能しない。生物学的に見て有用な働きをする人工の嗅覚系を望むのであれば、別の仕組みを考えなければならない。

　そこで重要なのが、匂いを理解する方法だ。従来は、1つの匂い分子の特徴がどのように表現されるのかを明らかにしようとしてきた。このように分子に着目すると、私たちが実際にどのように匂いを感じているかはあまり説明できなかった。一方、新しい匂いの理論を取り入れると、もっと多くを説明できるようだ。新しい理論は、対象

物（物体）に対する知覚が、何度か経験を積むうちに、以前よりも短時間で明確に認知されるようになる知覚学習（視覚の分野で研究が進んでいる）と呼ばれる考えに基づく。

匂いという対象物は、いわゆる統合処理によって学習を通じて作り出される。このような学習のおかげで、一緒に生じる複数の匂いを対象物というまとまりとして認識できるようになる。この匂いという対象物には味や色など他の感覚からの情報や、「感情」（好きあるいは嫌いの程度）に関する情報も含まれる。

ドナルド・ウィルソンとリチャード・スティーブンソンは、匂いを対象物としてとらえる新しい嗅覚理論を提出した。2人は次のように述べている。「非常に分析的な『受容体中心』処理という近頃の見方では、今わかっている識別できる匂いの数を説明できない」。彼らの理論に従うと私たちは匂いという対象物を学習によって認識できるようになる。視覚でもとてもよく似た現象が起きている。「同時に発生する異なる匂い物質とその特徴は統合され、脳の神経回路で単一の認知結果を作る。このような認知結果は、脳の可塑性により、背景からの妨害や強度変動、一部の劣化などでは簡単に崩れたりしない」と彼らは語る。

物体の記憶

匂いに対する考え方が上記のように変わったのは、1つの匂いとして扱っているものが実は複数の成分からなる混合物だということに気付いたからだ。先にも触れたように、ワインやコーヒーの匂いなど複雑な混合物が1つの匂いとして扱われているが、これは、匂いを嗅いで初めて対象物としての匂いを認識するからである。嗅覚受容体が感知する個々の分子に関する知識では、今とらえている匂いの性質は予測できない。受容体の反応を脳がどのように「読む」のかは過去の経験と、現在の期待によって決まるのである。

視覚に着目して、もう少し詳しく見てみよう。目から入った像は網膜には上下左右が逆になって映る。網膜に映る像は、その場所に届いた光の情報をもつ、画素のような小さな点でできている。その画素の集まりから、脳は高次処理系によって必要な情報、つまり輪

「学習した匂いという対象物にはいろいろな感覚からの情報も含まれているだろう。馴染みのある匂いという対象物は、状況、関心、期待をもとに認識される」
ウィルソンとスティーブンソン

郭やコントラストの違い、動いているものなど意味のある特徴を取り出す。視覚系が探すのは点ではなく対象物なのだ。私たちは周りの世界を対象物に関連付けて理解する。子どもが乳児から育っていくとき、対象物を認識したり、名前をつけたりする中でたくさんのことに興味をもつのも同じことだ。

物体の認識

　私たちの記憶には、経験を通して構築してきた様々な対象物の鋳型がある。だからある情景を見たとき、まずするのは（瞬時にかつ無意識で）それに合致する対象物を探すことである。目に入っているものが、特定の対象物の鋳型に合うかどうかを照らし合わせるのだ。このようにして対象物を識別したり、巧みに処理したりして世界を知ることで、視覚が二次元画像から三次元世界を作り上げるときに生じる問題を簡単にしているのである。

　またどのような情景の中でも顔はとくに重要で意味がある。脳は顔の検出にかなりの力を注いでいるので、私たちは顔の識別がとても得意なのだ。ほんの少しの特徴があれば、人は異なる顔を難なく区別できる。

　漫画を見れば、私たちが対象物を認識する際、いかにわずかな特徴だけで認識できるかがわかるだろう。うまい漫画家はサラサラとペンを動かして、一目で人間とわかる絵を描く。私たちはその絵の限られた特徴から、キャラクターの考えていることや気持ちを推し測ることができる。アニメーションにするとさらに鮮やかだ。ウタ・フリスらは、1個は大きくて、もう1個は小さい、2個の三角形が動きまわったり、接触したりする簡単なアニメーションを作った。「メンタライゼーション」（他人の考えや気持ちを理解する能力）に問題がない人はこれだけのアニメーションから、2個の三角形の関係を言い当てることができる。

　またアニメーションには「不気味の谷」と呼ばれる、これも感情に関連した現象がある。人間の登場するアニメ映画では、より人間そっくりに描かれたキャラクターほど好感をもたれる。ただそれもある程度までの話で、キャラクターが現実味を帯びすぎた時点で「不気味

人間の、顔を識別する能力は並外れている。誰もいないところでも「顔」が見えるほどだ。トーストの焦げ具合を見て髭を生やしたキリストの顔を連想したり、雲の形から大きな鼻の顔を思い浮かべたりする。このように、存在しない顔の幻影を認識する心理現象を「パレイドリア」という

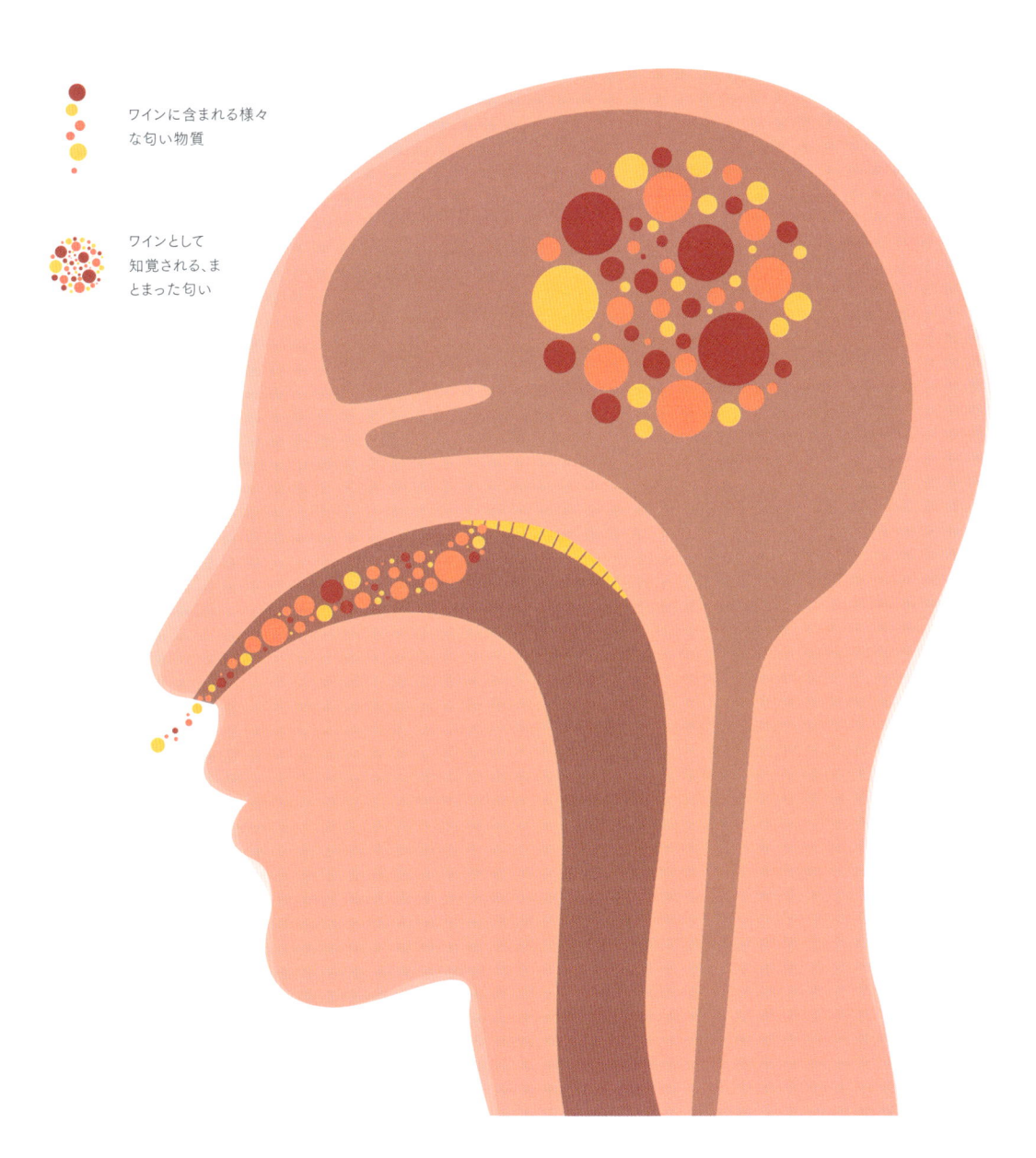

ワインに含まれる様々
な匂い物質

ワインとして
知覚される、ま
とまった匂い

複雑な匂いの混合物の扱い方

ワインに含まれる匂い物質は複雑な混合物である。だが私たちは
あたかも1つの匂い物質のように認識して「ワイン」の香りという。

組成のまったく違うワインでもすぐさまワインとして認識し、さらに
吟味して、タイプまで分類できる

の谷」にはまってしまう。つまりアニメのキャラクターに対して不安を覚え、嫌悪感をもつようになるのだ。人気を博したアニメ映画『ポーラー・エクスプレス』（2004年）は、登場人物がとてもリアルに描かれたため不気味の谷にはまった作品としてよくあげられる。見ているとなんとなく落ち着かない気持ちになるのだ。成功している超リアルなアニメ映画に、おもちゃや動物を主人公にしている作品が多いのには、このような理由があるのだろう。

脳による匂いの認識

　アーネスト・ポラックは1973年に新しい嗅覚モデルを考えついた。嗅覚受容体には様々な種類があり、それぞれ特定の匂いに応じて調整されていて、匂い刺激を受け取った嗅覚受容体のパターンが脳に伝わるというモデルだ。ポラックによれば「脳は匂い全体を読み取り、保存しているパターンに分解することによって、その匂いのイメージ（パターン）を認識する」。この仕組みは視覚の対象物知覚と似ているようだ。受け取った匂いの情報を完全に分解して、匂いの強さの変化や背景の匂いの存在にとらわれず、馴染みのあるパターンを認識するからだ。人混みの中からよく知っている顔を見分けるように、いろいろな匂いの入り混じった中から特定の匂いを嗅ぎ分けることができるのだ。またよく知っている匂いほど、区別する能力を高くもする。オレンジで考えてみよう。オレンジには特有の形（球形）、表面の質感とつくり（でこぼこのたくさんある皮と、お尻とへた）、色（名前の由来でもあるオレンジ色）、匂いと味がある。またオレンジならではの触感もあり、手で持った感じでそれとわかる。けれども1つの対象物としてオレンジを考える場合は、私たちはこの対象物を多感覚で知覚している。

　感覚にこれといった問題がない人にとって、ワインにはワインの味と香りがある。ワインという液体は、普通はボトルに入っていて、栓を開けてグラスに注がれる。私たちはそのワインを、1つにまとまったワインとして味わう。一口にワインと言っても、白、赤、ロゼ、甘口、辛口などなど、いろいろなカテゴリーに分類されるが、細かく分類してもなおワインという対象物として私たちは受け止める。

専門家がワインを吟味するときには、ワインをつとめて対象物として理解しないようにしている。つまり専門家は、複雑な混合物に含まれる成分を個々に区別しようとするのだが、そのためには嗅覚が通常とは違う働き方をしなければならないため、とても難しい。ここまで見てきたように嗅覚はパターンを認識するように調整されていて、私たちはそのパターンを匂いの対象物として扱うからだ。

匂い対象物の考え方を風味に発展させる

風味が、いかに複数の感覚系を使い多感覚で知覚されるのかは、すでに見てきたとおりだ。風味がどのようにして1つのまとまりとして知覚されるのかを考えるにあたっては、最近では風味を対象物としてとらえるのが基本だ。嗅覚の場合と同じように、口の中で食べ物や飲み物に関する種々の情報をまとめ、1つの風味「対象物」にしてから、口は嗅覚に委ねるのである。風味に影響を及ぼすレトロネーザルは、食べ物や飲み物が触覚を盛んに刺激している場所で生じると考えられている。風味対象物を意識して食べることができるものと脳が判断したとしても、私たちは風味対象物を作っている個々の匂いまではほとんど識別できない。匂いや風味の対象物認識の仕方は、顔の視覚処理に似ているようだ。顔は、いくつもの知覚情報を融合させて、1つにまとめ上げられたものとして認識される。つまり私たちは全体を把握するけれども、その物体を作っている成分にはほぼ接触できないのである。とても込み入った考え方だが、風味を知覚するときに何が起きているかを考えるためには、理解しておかなければならない重要な概念だ。その一方で、前出のチャールズ・スペンスは次のような注意を促す。「風味対象物は多感覚で知覚する対象物と仮定すると、途端にとても難解なものになってしまう。間違いとは言わないが、私の本音は、そもそも風味対象物とは何かを定義する方が先だ」。

熟練テイスターのワインの味わい方

2002年、ローマのサンタ・ルチア財団病院神経画像研究室の研

私たちが周りの世界を対象物として知覚するときは、間違いなく複数の感覚で感じ取っている。考えてみれば確かにそうだ。すべての対象物を五感全部で知覚するわけではないが、それぞれの感覚で独立にとらえただけでは、必ずしも世界を完全につかむことはできない

究者が、1つの疑問を解くべくある研究を計画した。熟練テイスターと素人とでは、ワインの味わい方は違うのだろうか、というシンプルにして重要な問いである。7人のソムリエと7人の素人（年齢と性別はソムリエに合わせたが、ワインのテイスティングはできない）にワインを試飲してもらいながら、脳の反応を観察した。

　だが、この実験の状況は実に不自然だった。参加したソムリエ、アンドレア・スターニロは当時を振り返り次のように語る。「なんとも居心地の悪い実験でした。トンネルの中に入れられて、口には4本のプラスチック管。微動だにできませんでした」。4本の管から3種類のワインと対照用のグルコース溶液を被験者の口に流し込み、被験者にはワインを識別し、評価項目に従って評価をしてもらった。またワインを口の中に含んでいるとき（「味」期）、飲み込んだ直後（「後味」期）と経過を追い、ワインを一番強く感じたときも記入してもらった。スターニロによれば「このような繊細な実験をするには理想的な条件ではありませんが、どの被験者も同じ条件なので、結果は信頼できると思います」。

　そして実験の結果、脳の一部領域（とくに島皮質と眼窩前頭皮質の第一次味覚野と第二次味覚野）はどちらの被験者グループでも「味」期に活発になった。ところがこの「味」期ではソムリエグループでだけ活発になった部位がある。扁桃体と海馬を含む領域の前の方なのだが、「後味」期には素人グループでも同じ領域が活発になった。ただし素人グループは右側だけ、ソムリエグループは左右両側だった。さらにソムリエグループだけ背外側前頭前野の左側も活性化された。

　風味を処理する際、眼窩前頭皮質が重要な役割を果たすことを考えると、訓練を積んだワインテイスターとまったくの素人の両方でこの部位が活発になるのは当然だ。では他の領域、とくにソムリエグループで目立った領域はどうだろう？　まず扁桃体と海馬。ここは動機付け（扁桃体）と記憶（海馬）の処理に重要な役割を果たす領域だ。ソムリエグループで、扁桃体と海馬が早い時期に一貫して活発になったことは、認知過程に対して大きな動機付けがあることを示唆する。つまりソムリエは報酬、すなわちワインテイスティングをして得られる喜びを期待している可能性があるということだ。他にも重

要な領域がある。計画立案や認知方略（学習を効果的にするための作戦）の利用に関わる背外側前頭前野の左側だ。背外側前頭前野の左側が活発になったのはソムリエだけだった。この結果は、ワインを口に含んだとき、経験のあるテイスターだけが独自の分析戦略をとるという考えと一致する。熟練テイスターの分析戦略の中身は、言葉と特定の風味を結びつける、いわば言語に関係したものではないかと研究者は推測する。

　ワインを試飲するとき、ソムリエと一般人とでは期待することが違うようだ。音楽家のfMRI研究でも同じ結果だった。音楽を聴くとき、音楽の専門家と音楽に通じていない人とでは活発になる場所が違っていた。脳の神経連絡は訓練と経験によって変化すると言われている。脳に、専門知識の増加に応じて構造的ネットワークを少し変化させる、2つの、一貫性にかける方法があると考えられる。1つ目は、脳の階層構造の高位にある細胞の小さな集合に特定の機能を割り当てるという、よくある方法。2つ目は脳のより広い領域

嗅覚における対象物認識

対象物認識の理論に従うと、私たちは、嗅覚受容体が活性化したときのパターンを学習することによって特定の匂い「対象物」として認識できるようになる。この考え方を簡単に表したのが上の図である。色のついた点は活性化した受容体。受容体のパターンに多少の違いはあっても、どちらのワインも対象物として認識される

を新たに引き込んで、複雑な仕事を支援させるという戦略。経験を積んだワインテイスターは2番目の戦略をとり、脳の新たな領域を利用して感覚刺激を分析するようだ。

ライオネル・パザルトらが先の研究と似たような試みをし、2014年に発表した。同じ課題に取り組み、かつ先の研究の方法論上の問題を解決したという。ライオネルらは、10人のソムリエグループと、性別、年齢をソムリエグループに合わせた10人の素人グループを調べた。被験者をfMRI装置に入れ、ワインを管から口に流し込み、その間の脳を観測した。脳の活動の違いを明らかにすることによって、ワインと水を試飲した場合に専門知識がもたらす影響を両グループで比較した。専門家、素人の両方とも島皮質で味覚、触覚、嗅覚情報の重複と統合が見られた。その後この風味認識は、脳幹および視床の上流領域と、扁桃体、眼窩前頭皮質、および前帯状皮質の下流領域に伝えられた。

よく見られる現象だが、脳卒中患者が特定の仕事を繰り返すリハビリを終える頃には、高次機能を司るとても小さな領域がリハビリ初期よりも活性化されている

一般に、匂いを分類し嗅ぎ分ける作業は難しいと思われているが、ソムリエなど訓練を積んだワイン専門家は、ワインを飲んでいるときに味わっている感覚を詳しく伝える能力を身につけている。一方、素人は言葉ではなかなか説明できない。第5章で述べるが、ワインの専門知識は、高い知覚能力よりも認識力に負うところが大きいと考えられている。パザルトの研究によればソムリエの脳では、主に左半球にある、記憶処理に関わる領域が活発になっていたのに対し、素人グループでは主に右半球にある、様々な連合皮質が活性化していた。専門家グループは素人グループよりも感覚情報を経済的に処理しているようだ。つまり専門家は脳をより効率よく使っているのである。また、ワイン専門家は官能評価と、ワインを見分ける作業を同時に行うことも示された。

経験のもたらす脳の変化

これまで見てきたようなワインのテイスティングに関する実験の意味するところははっきりしている。ではここで、あなたは程よい量のワインを何年にもわたって飲み続けているとしよう。初めてあなたの心をとらえた1本を覚えているだろうか？　今までのワイン歴はその

ままで当時に戻り、もう一度そのワインを飲むとしたら、最初のときとはまったく違う印象を覚えるはずだ。これまで飲んできたワインがあなたの脳を変えてしまったのだ。先の研究のソムリエの場合と同じく、あなたはワインをじっくり飲み続けてきたことによって、ワインに対する反応が飲みつけていない人とは違うものになったのである。ワインのテイスティングでは間違いなく学習が重要な役割を果たしている。

知識によって感じ方が変わることを示す、別の研究もある。神経経済学という新しい研究分野に取り組むカリフォルニアの研究者グループが、ワインに関する情報を与えられた被験者のワインの感じ方が変わったことをfMRIで示した。結果を知ったときは一同大喜びだったそうだ。この研究でそもそも考察していたのは経験効用（経験を重ねることによって、より効率的に作業できるようになること）という経済学の言葉だった。マーケティング活動の目的は、特定の商品の性質はそのままで、経験効用をいかに頻繁に変えるかにあることを説明しようとしていた。

そこで価格が経験効用をどのように変化させるかを調べるために選ばれたのがワインだった。20人の被験者にfMRI装置の中で横になったまま、5種類のカベルネ・ソーヴィニヨンを飲んでもらった。被験者には飲んでいるワインの価格が伝えられたあと、ワインの風味に着目して、どのくらい好きかを評価してもらった。ところがこの実験にはちょっとした仕掛けがあった。被験者に渡されたワインは実は3種類だった。このうち2種類を違う値段のワインとしても与えたのだ。実際に飲んだ5種類の内訳は次のようになっていた。5ドルのワイン（ワイン1、本当の価格）、10ドルのワイン（ワイン2、実は90ドル）、35ドルのワイン（ワイン3）、45ドルのワイン（ワイン1、偽の価格）、90ドルのワイン（ワイン2、本当の価格）。

当然と言ってよいだろうが、価格と好みには相関関係があった。被験者は高い価格を告げられたワイン1と2を好んだ。たとえ中身が同じでも、価格が高いと思い込んでいるワインを飲んだときの方が脳の喜びを感じる部分が活性化したのだ。価格は知覚品質（消費者が製品を使用する前に感じ取る品質）を変えただけではなかった。知覚の経験そのものも変えることによって実際のワインの質にも

1つの文化のワインに精通している人が他の文化のワインにも手を広げるときは、もう一度ワインを学び直す必要がありそうだ。例えばオーストラリアの赤ワインに長年親しんでいたとしても、ドイツのリースリングに挑戦しようと思うならゼロから学ばなければならない

影響を与えたようだ。この実験の結果から、ワインを飲むときに生じる期待（ラベルを見て生じると思われる）がワインの感じ方を変えてしまうことがわかる。

テイスティングを言葉で表す

　認知心理学者のフレデリック・ブロシェはワインのテイスティングと言葉の問題に関連する重要な研究に取り組んでいる。主に専門家によるテイスティングを研究した結果から、テイスティングとその教育の理論的根拠は十分でないと考えている。「テイスティングとは表象である」とブロシェは言う。「脳は『理解する』作業や『解釈する』作業をするとき、表象も巧みに操作する」。ここでいう「表象」とは、体が経験していること（ワインのテイスティングならばワインの味、香り、見た目、口当たり）を元にして心が作り上げる意識の経験である。ブロシェは3種類の手法で研究を進めた。文書分析（テイスターが表象を言葉で表すために使う用語の種類に着目する）、行動分析（テイスターの行動に着目して認知の仕組みを推測する）、脳機能分析（fMRIを用いてワインに対する脳の反応を直接調べる）である。

　ワインに関する単語の問題については第8章で掘り下げるが、ブロシェの文書分析（文書で使われる用語を統計学の手法を用いて分析）については本章の方がふさわしいので紹介する。ブロシェが分析した資料は次の5つである。『アシェット・ガイド』（毎年出版されるフランスのワインガイドブック）、ロバート・パーカーとジャック・デュポンとブロシェ本人によるそれぞれのテイスティングノート、ヴィネクスポ（ボルドーで2年に1回開催される世界最大のワイン国際展示会）で入手した44人の専門家による8種類のワインに対するテイスティングノートだ。文書分析用のソフトウエアAlcesteを利用して、テイスターが自らのテイスティング経験（表象）を描写する言葉を調べた。

　結果は次の6つにまとめられた。[1]テイスターはテイスティングで得られた結果ではなくワインの種類に基づいて表象を説明した。[2]表象を表す「お手本」がある。つまりワインの種類を説明する特定の言葉があり、その言葉を使えばワインの種類を表すことになる。言い換えれば、ワインをテイスティングして、描写するのに使う言

葉は、あらかじめそのワインの種類と結びつけられている言葉だ。[3]使う言葉の総量（語彙）はテイスターによって違う。[4]テイスターには好きなワインとそうでないワインについて決まった語彙がある。心に浮かんだことを好みにかかわらず表現できるテイスターはいないようだ。[5]テイスターの言葉選びに最も影響を与えるのはワインの色だ。[6]感覚を描写する背景には文化が存在する。

　文書分析の後、ブロシェは54人の被験者を対象に一連の実験をした。まず本物の赤ワインと本物の白ワインの香りを評価してもらった。数日後、同じ白ワインと、味のない着色料で赤く色付けした、同じ白ワインを評価してもらった。おもしろいことに、1日目も2日目も「赤」ワインには同じ言葉を使って評価していた。2日目の中身は白ワインだったのだが。ブロシェは、匂いの感じ方は色によって変わる、つまりワインのテイスティングにおいては視覚からの情報がとても重要であると結論した。また、このような匂いと色との関係は、食品や香水産業では常識であり、だから無色のシロップや香水を見かけないのだともブロシェは指摘する。

　次の実験でもブロシェは最初と同じくちょっとした仕掛けをした。まず標準的な品質のワインを試飲してもらい、1週間後にもう一度飲んでもらった。ただし1回目はテーブルワインのボトルから、2回目はグラン・クリュ（特級）のボトルから注いだ。被験者は自分の飲んでいるワインが最初は普通のワイン、次は特別なワインと信じ込んでいた。被験者のテイスティングノートを分析するとその心の内が言葉に表れていた。「テーブルワイン」と「グラン・クリュ」とを比べると「あまり」が「とても」に、「単純な」が「複雑な」に、「バランスの悪い」が「バランスの良い」になっていた。すべてはラベルを見たためである。

　ブロシェはこの結果を「知覚の期待」という現象で説明する。被験者は先に知覚していたことを知覚し、過去の知覚からはなかなか離れられないというのだ。人間にとって視覚からの情報は化学感覚からの情報よりもはるかに重要だ。このため私たちは視覚の方を信用する傾向がある。「高級ワインをブラインドテイスティングすると、期待はずれのことが多い」という醸造学者、エミール・ペイノーの言葉も、同じ理由で説明できる。

ブロシェによれば「認知した表象を描写するのに用いる言葉は、舌や鼻からの情報ではなく、被験者の記憶やかつて見たり聞いたりした情報に由来すると考えられる」とのこと。言い換えれば、ワインを評価するのに必要な要素は、ワインから直接得られた感覚経験以外の要素である

ブロシェはさらに、ワインの品質評価がテイスターによってどのくらい違うかも調べた。8人のテイスターに18種類のワインをブラインドテイスティングしてもらい、好みの順に順位をつけてもらった。結果はかなり違っていた。次に、サンタ・ルチア財団の研究と同じく（76ページ参照）、ワインを試飲したときの4人の被験者の脳の反応をfMRIで調べた。同じ刺激でも、被験者によって脳の反応は違っていたという結果は興味深い。言語を司る領域が活発になった人もいるし、視覚を司る領域が活発になった人もいた。

脳の作業の取り消し

本章では、脳が様々な感覚からの情報を結びつけて風味を感じる仕組みを見てきた。感覚情報を結びつける作業のほとんどは、私たちが意識してそれと気づく前に起こる。また私たちが感じているものは現実とは厳密には一致していない。ところがワイン業界で行われているような分析的なワインテイスティングについて言えば、本来私たちが感じている方法とは違うことをしているのである。ロンドン大学哲学研究所感覚研究センターの理事、バリー・スミスは次のように語っている。

同じ人に同じワインを数回試飲してもらい脳を調べると、脳の画像はどれも違う。これは「表象が変わりやすい性質のものであることを表している」とブロシェは考えた。表象とは「化学感覚、視覚、想像、言語を通して思い浮かべたものを、いずれも同程度に統合した総合的なもの」である

「脳は無意識のうちに実にみごとにすべての情報を結びつけ、それを1つのまとまった情報として私たちに経験させてくれる。一方、テイスターは1つにまとめられた情報をまたばらばらにもどして、それぞれに自分自身が気づくよう仕向ける。どんな口当たりか？　タンニンのきめの細かさは？　渋みはどんな感じだろう？　今感じているのは酸なのか糖なのか？　香りはどのくらい残る？　まるでカーテンに映る影を裏から見ているようだ。もし感じた情報が統合されていなかったら、すべてばらばらのまま、つまり互いに何の脈絡もない情報として気づくことになる。ところが脳は感じた情報をすべて合わせ、まとめてどんな味がするかを私たちに教えてくれる。そう考えると、ワインのテイスティングはとても奇妙に思える」。

スミスはまた次のようにも語る。「（マスター・オブ・ワインの）ジャスパー・モリスは次のように言っている。テイスティングの仕方を教える場合、まず生徒に10種類のワインの酸味を評価し、相対的に順位

をつけてもらう。そしてそのワインが好きかどうか尋ねる。すると彼らはわからないと答える。次に、今までのことはすべて忘れて、家にいるような感じで飲んで欲しいと伝える。すると生徒たちは、これが好きだ、あれが好きだと言い始める。細かい部分に集中しているときは、全体を経験できていないようだ。この全体にこそ快楽は宿ると私は考える。脳が1つにまとめた乗り物のようなものに楽しみや快楽が乗っているのである」。

　スミスの視点はおもしろい。ワインを分析するテイスティングは、普通にワインを飲む行為とはまったく違うというのだ。批評家は細かく分析した後は、その立場から一歩離れて、普通の人がするようにただワインを飲むこと。そうすればそのワインがよくわかるということなのだろう。

　次の章ではワインの化学組成に着目し、ワインの感じ方との関係を見ていこう。脳の問題については第7章でもう一度取り上げることにする。第7章では意識経験について掘り下げ、世界とどのように作用し合っているのかを探ってみるつもりだ。

ワインの風味と化学

　ワインはいわば化学物質の「スープ」みたいなものだ。これらの化学物質には味や匂いがあり、感覚の研究者はこういった化学物質がワインの風味やアロマに与える影響を調べ、その結果をワイン全体の特性と関連付けようとした。ところが、このような見方は現在では疑問視されている。化学物質の中にはそれ単独では風味にあまり影響を与えないばかりか、知覚すらされないものもあるからだ。しかし、1種類の化学物質、あるいは関係する化学物質をグループごと取り除いて匂いの実験を行ったところ、あまり重要でない化学物質がワイン全体の風味に大きな影響を与えることがわかってきた。本章では最近のワイン化学の動きを少し深く見ていこう。

ワインの風味は複雑

　ワインには風味をもたらす化合物が数百種類も入り混じっている。正確な数はわかっていないが、一般に800から1,000種類と推定されている。最近、メタボロミクスという方法（細胞の活動によって生じる分子を網羅的に解析する方法）でワインを化学分析できるようになったことは大きな進歩だ。分析の結果、膨大な量のデータが得られる。このメタボロミクスからは多くの応用が期待される。例えばある地方特有のワインの特徴を示す「指紋」のようなものをつくることができる。この指紋を使えば、様々な種類のワインを検査するとき、どの土地のものかを証明できる。また高価なワインや古いワインを認証する際にも役に立つ手段である。

　そうなると、ワインを分析し、得られた情報からワインの風味を人工的に作ることができるように思えるが、これはかなり難しい。風味化合物が、ワインの中に存在する他の物質によって変えられることがあるからだ。また風味化合物に対する私たちの感じ方も、ワインの中に存在する他の化合物によって変わる。化合物「A」が同じ濃度で含まれているにもかかわらず、あるワインでは「A」を感じ取れず、別のワインでは感じ取れるということもありうる。さらに、ワインに

大きな影響を及ぼす重要な化学物質の多くが、低い濃度でしか存在しないことも問題だ。例えばワイン醸造所の旧来からの敵である「2,4,6-トリクロロアニソール」（TCA、コルク臭の原因）は、5ppt（1兆分の5）以下という極めて低い濃度で検出される。オリンピックプールに水を数滴落としたような濃度だ。逆に最も多く含まれる物質が匂いの質に対してはあまり重要な働きをしないことも多い。このように、分析によって得られたデータからワインの味を還元主義的に作り出すことは困難である。

　第3章で説明したように、嗅覚は、物質単体の匂いを感じるのではなく、その匂いを作り上げている複数の匂いをまとめ、1つの匂いとして感じ取る。だから、私たちはその匂いを作り出す細かな成分までは識別できない。そう考えると、ワインの風味の化学を理解する場合も、匂いを個別の物質として捉えるのではなく、1つのまとまりとしてとらえて考えるべきだ。

ワインの香り

　ワインの成分と香りの研究の第一人者、スペイン、サラゴサ大学のヴィセンテ・フェレイラは、ワインの風味を全体的な視点からとらえる、とても興味深い研究を進めている。後述するが、フェレイラは研究の中で、ワインの「不揮発性成分」という重要な概念を取り入れている。また、ワインの中にはフェレイラの名付けた「インパクト化合物」を含むものがある。インパクト化合物とは、極端に低い濃度でも、ワインに特徴的な香りを与える化学物質を指す。一方、多くのワインはインパクト化合物を含まず、代わりに香りに寄与する、様々な種類の成分を含み、それがワインに微妙な違いを与える。

　フェレイラは、「ワインの香り」には基本的な成分が20種類あると考える。20種類の匂い化合物はすべてのワインに存在し、どのワインからも感じるワイン全体の香りを作る。20種類のうち1種類（β－ダマセノン）はブドウに含まれ、残り19種類のほとんどは、酵母が作用して作られる以下のような物質である。高級アルコール類（ブタノール、イソアミルアルコール、ヘキサノール、フェニルエチルアルコールなど）、酸類（酢酸、酪酸、ヘキサン酸、オクタン酸、イソ吉草酸）、脂

ワインのアロマと風味は、様々な化合物の味や匂いを単純に足していくことで生まれるわけではない。違う化合物同士で多くの相互作用をする。例として、マスキング作用（1つの化学物質が別の化学物質の感じ方を妨害する）や、相乗的な作用（2種類以上の異なる化学物質の組み合わせによってつくられる）などがある

肪酸エチルエステル類、酢酸エステル類やジアセチル類などの化合物、エタノールだ。

　さらに、ほとんどのワインに低濃度で存在する、16種類の「香り寄与化合物」がある。「香り寄与化合物」の匂い活性値（OAV。知覚しきい値に対する化合物の濃度の割合）はたいてい1以下なのだが、相乗効果によって香る。つまり個々の成分は匂いを嗅ぎ取れるほどの濃度ではないにもかかわらず、特徴的な香りを作り出すのだ。知覚しきい値は健常な人が化合物を嗅ぐことのできる濃度だが、溶けている液体が水かワインかで違い、ワインの種類によっても異なる。香り寄与化合物に含まれるのは揮発性フェノール類（グアヤコール、オイゲノール、イソオイゲノール、2,6－ジメトキシフェノール、4－アリル－2,6－ジメトキシフェノール）、エチルエステル類、脂肪酸類、高級アルコール酢酸エステル類、分岐割脂肪酸のエチルエステル類、炭素8または9または10の脂肪族アルデヒド類、分岐鎖アルデヒド類（2－メチルプロパノール、2－メチルブタノール、3－メチルブタノール、ケトン類、脂肪酸γラクトンなど）、バニリンとバニリン誘導体である。

感覚を表す言葉と匂い分子1個をはっきり関連付けることは、多くの場合難しい。この問題は感覚研究者を悩ませる。テイスターが香りを嗅いで、ある言葉で表現したものが、2種類以上の匂い化合物の相互作用の結果であることはよくある。一昔前のワインの香り研究ではすべてを説明する分子1個をひたすら探していた。フェレイラの研究以降は香りの組み合わせについて考えるようになってきた

ワインの香りを決定付けるインパクト化合物

　ワインを特徴付けるような香りを与える「インパクト化合物」はそのワインに独特の第一アロマ（ブドウの品種によって決定づけられる香り）となることが多く、とても重要であるが、その濃度はとても低いことが多い。例えばソーヴィニヨン・ブランの特徴的な香りはわずかなインパクト化合物から生まれると考えられている。主にメトキシピラジン類（最も重要なのが2－メトキシ－3－イソブチルピラジン）、3種類のチオール（4－メルカプト－4－メチルペンタン－2－オン＜4MMP＞、3－メルカプトヘキサン－1－オール＜3MH＞、3－メルカプトヘキシルアセテート＜3MHA＞）だ。このようなインパクト化合物の研究は最近注目を集めている。代表的なものを以下に示す。

・メトキシピラジン類：2－メトキシ－3－イソブチルピラジン（MIBP。イソブチルメトキシピラジンの名で知られる）が最も重要。水と白ワイン中では2ng/lの濃度で知覚されるが、赤ワインではもう

少し高くなる。MIBPは青ピーマンの青臭い匂いの主成分。2-イソプロピル-3-メトキシピラジン（イソプロピルメトキシピラジン）も重要だが、MIBPの次。

・**シス型ローズオキシド**：ゲヴュルツトラミネールの特徴に寄与。甘い、バラの花びらの香り。

・**ロタンドン**：セスキテルペン類の一種。極めて低い濃度でシラーに胡椒の香りを与える。驚いたことに5人に1人はロタンドンの匂いが分からない。

・**多官能チオール類（メルカプタン類）**：ツゲの香りの4MMP（知覚しきい値は4.2ng/l）、トロピカルフルーツ、パッションフルーツの香りの3MHA（知覚しきい値は60ng/l）、グレープフルーツの香りの3MHなど。とくにこの3種類はソーヴィニヨン・ブランの香りに欠かせない。その他たくさんの種類のチオール類がワインの香りに重要な役割を果たすが、たいていはマイナスの影響を与える化合物とされる。

　フェレイラの最近の研究から、香り化合物の他に、いわゆる不揮発性成分（揮発成分以外の基盤を構成する成分）についてもとても興味深いことが示された。匂いは揮発性の物質が揮発して生じた匂い分子によって感じ取られる。つまり不揮発性成分はそれ自体は香りを放たないはずなのだが、実はワインに含まれる様々な香り化合物の感じられ方に強い影響を与えるらしい。フェレイラはこれについて興味深い実験を行い、ワインの香り特性は不揮発性成分の影響を大きく受けることを明らかにした。白ワインの香り成分を赤ワインの不揮発性成分に入れても赤ワインのような香りがするほどだ。「揮発性成分と不揮発性成分を知るだけではワイン全体の香りや全般的な風味は完全には理解できない」とフェレイラらは論文の序で述べている。「匂い物質同士の相互作用、知覚に関わる様々な感覚の相互作用、匂い物質と不揮発性成分との相互作用がすべて、匂い化合物の揮発性、風味の放出、全体として知覚される風味や香りの強さと質に影響を及ぼす可能性がある」。

この実験では6種類のスペイン産ワイン（赤ワインと白ワイン3種類ずつ）を使った。まず各ワインから匂い成分を凍結乾燥で取り除き、それでも残っている匂い成分はジクロロメタンという化合物で除去した。ジクロロメタンは窒素を通して取り出す。こうしてできた、香り成分を含まない溶液をミネラルウォーターに溶かしたものを作った。

　各ワインからは別の操作で香り成分（揮発性成分）を抽出しておき、この香り成分6種類と、匂い成分を取り除いた溶液6種類を様々な組み合わせで混ぜ、合計18種類のワインを作り、訓練を積んだ官能評価パネルに分析してもらった。結果は、不揮発性成分がワインの香りの感じ方に驚くほど大きな影響を与えていた。例えばフルーティーな白ワインの香り成分を別の白ワインの不揮発性成分と混ぜた場合、影響は比較的少なかった。ところが同じ香り成分を赤ワインの不揮発性成分と混ぜたところ、結果はまったく違っていた。官能評価パネルは赤い果物と関連する言葉を使い出したのだ。

　この結果にフェレイラらは驚いた。以前の研究でも、不揮発性成分はワインの香りに影響を与えるとされていたが、それは主に香り成分と結合し、香りの放出を抑制するためと考えられていた。この実験で特筆すべきは、不揮発性成分には揮発性成分の感じ方を変える重要な働きがあることを示した点である。しかし、複数の感覚が作用するため感じ方が変わることはよく知られており、とくに視覚の影響は大きい。それを避けるため、フェレイラの実験では視覚による影響を取り除くべく、ワインは黒いグラスに入れ、被験者には飲む前に香りを嗅いで描写してもらった。

　このような実験の結果から、ワインをより全体的にとらえることがいかに重要かがわかる。ワインの風味を構成成分まで分解し、各化合物を研究の対象にする還元主義的なアプローチの限界も見えてきたはずだ。この点を念頭に置きつつワインの鍵となる構成成分を見ていこう。

有機酸類

　酸にはワインの新鮮な味わいを保ち、保存性を高める働きがある。酸度の高い白ワインは低いワインと比べるとたいていうまく熟成

する(赤ワインは保存性を高めるフェノール化合物を含むため、さほど酸度が高くなくても問題ない)。ブドウに含まれる主な有機酸には酒石酸、リンゴ酸、クエン酸がある。酒石酸はブドウの中では重要な酸であり、マスト(醗酵前のブドウの果汁)中では1リットル当たり3〜6グラムになる。リンゴ酸は青リンゴに豊富に含まれ、酒石酸と違い自然界に広く存在する。ヴェレゾン(ブドウの果実の色が変わり、皮が柔らかくなり始める時期)前には1リットル当たり20グラムにもなる。マスト中では、暖かい地方では1リットル当たり1〜2グラム、涼しい地方では1リットル当たり2〜6グラムになる。またクエン酸も自然界に広く存在する。ブドウでは1リットル当たり0.5〜1グラムほど含まれる。その他にもブドウにはD−グルコン酸、ムチン酸、クマル酸、クマロイル酒石酸が含まれる。また発酵している間に、コハク酸、乳

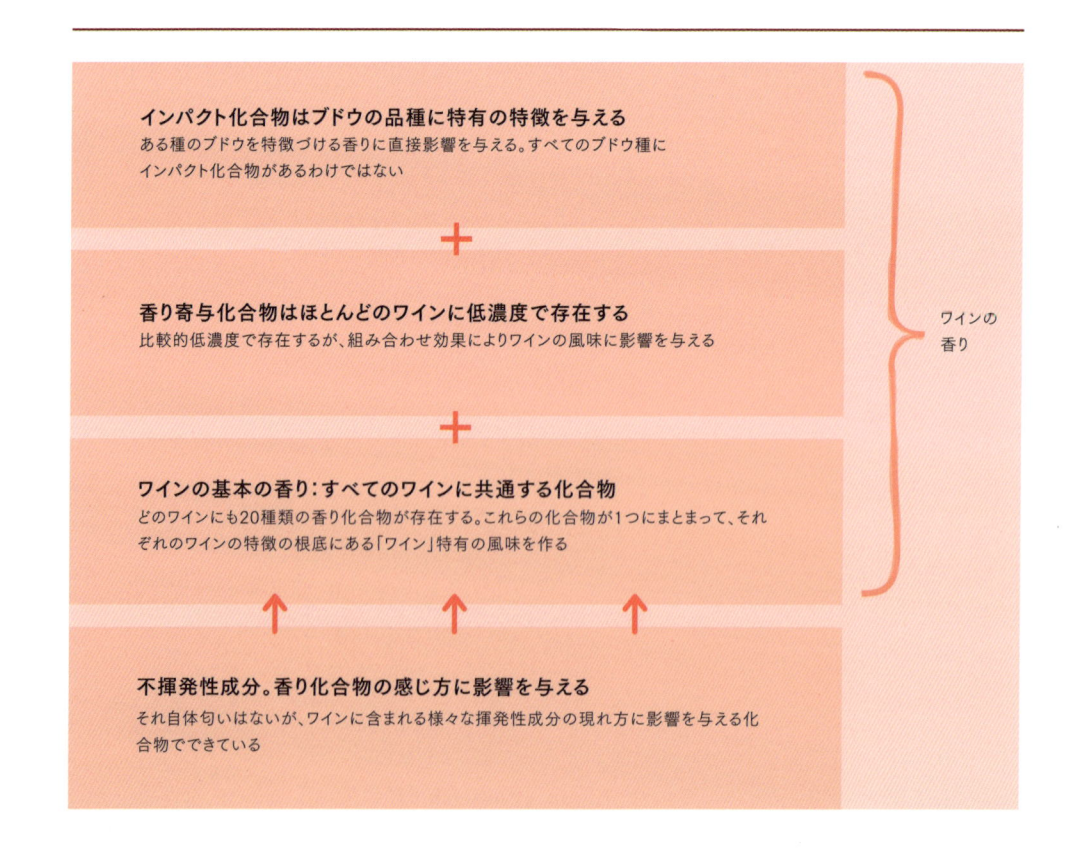

インパクト化合物はブドウの品種に特有の特徴を与える
ある種のブドウを特徴づける香りに直接影響を与える。すべてのブドウ種にインパクト化合物があるわけではない

+

香り寄与化合物はほとんどのワインに低濃度で存在する
比較的低濃度で存在するが、組み合わせ効果によりワインの風味に影響を与える

+

ワインの基本の香り:すべてのワインに共通する化合物
どのワインにも20種類の香り化合物が存在する。これらの化合物が1つにまとまって、それぞれのワインの特徴の根底にある「ワイン」特有の風味を作る

不揮発性成分。香り化合物の感じ方に影響を与える
それ自体匂いはないが、ワインに含まれる様々な揮発性成分の現れ方に影響を与える化合物でできている

ワインの香り

酸、酢酸が作られる。醸造中に抗酸化剤としてアスコルビン酸を加えることもある。マロラクティック発酵が起こると、乳酸菌の働きでほとんどのリンゴ酸が乳酸に変わる。乳酸はリンゴ酸よりも酸味を感じない。

　マストとワインは酸塩基緩衝液として知られる。つまりマストやワインのpH（溶液中の水素イオンの濃度であり、酸性の高いワインほどpHは低い）は簡単には変わらない。ちなみに水に酸を加えると、水には緩衝力がないのでpHはすぐに変わる。マストとワインにはpHを変化させにくくする物質が含まれているのだ（マストよりもワインの方が少しだけ変化しやすい）。とは言っても醸造している間にpHを変えるような状況が何度か生じるため、マストのpHからワインの最終的なpHを予測するのは難しい。醸造中に酸を補う場合はたいてい酒石酸を加える。リンゴ酸やクエン酸でpHを変える方法もあるが、いずれも弱い酸のため、酒石酸よりも多く加えなければならない。マロラクティック発酵が起きている場合はクエン酸は加えない方がよい。乳酸菌がクエン酸をジアセチル（バターのような味がして、かなり不快感をもよおす）に変えてしまうからだ。ところで、高いpHは必ずしも悪いことではない。pHの高いワインの口当たりは滑らかで心地よい。それでも一般には低いpHで醸造する方が、酸化や微生物による腐敗のリスクを減らせるため安全だ。

　なお、ワインの酸度を表す場合、TAという尺度が使われる。TAには総酸度（total acidity）と滴定酸度（titratable acidity）、2つの意味があるので少々混乱を招く。総酸度はワインに含まれる有機酸の総量、滴定酸度はワインに含まれる酸が塩基（アルカリ性の物質。測定には水酸化ナトリウムがよく使われる）を中和する能力を表す。実際には総酸度の測定は難しいので、近似値として滴定酸度が使われる（滴定酸度は総酸度よりも低い数字が出る）。ワインの「TA」といった場合、通常は滴定酸度を指し、1リットル当たりのグラム数で表される。

　ではワインの酸味を考える場合、pHとTA、どちらが重要だろうか？　この問題について調べたところ、酸味を与えるのはTAであり、注視しなければならないのはpHではなくTAの数字であると、ほとんどの文献で指摘されていた。ややこしいのだが、pHとTAは通

常は相関していて、分けて扱うことは難しい。pHの低いワインはたいていTAが高い。ところが中にはpHもTAも高いワインもあり、このようなワインの酸はかなり強く感じられる。また有機酸の種類によって風味も変わる。酒石酸はきつい酸味、リンゴ酸は青臭い酸味、乳酸はまろやかな酸味だ。暖かい地方ではよく酒石酸でpHを調整するが、必要な量だけ酒石酸を加えると、pHがとくに低くなくても堅くて角の目立つ酸味になる。また酒石酸を加えるとワイン中のカリウム濃度が減少する。カリウムはワインの重厚さやこくに重要な役割を果たすと考えられている。

糖類と甘さ

　ワインの甘さには3つの要因が絡んでいる。1つ目は糖類そのもの。糖類は舌の甘味受容体で感知される。2つ目は果実味に由来する甘さ。甘さは味覚で感じるものだが、香りの中に甘さをもつワインもある。市販されている赤ワインのほとんどは糖分量で見ると辛口なのに、果実味からくる甘い香りを放つものが多い。よく熟したフルーティーな風味は、糖類がなくても味も香りも甘く感じる。3つ目はアルコール。アルコールそのものが甘い。赤ワインからアルコールを取り除いた、アルコール濃度の違う同じ赤ワインを飲み比べるとよくわかる。アルコール濃度が下がるにつれ少しずつ辛口になり、丸味やコクが減る。最近見かけるアルコール濃度を5.5%まで減らしたワインなどは甘さを補わなければならない。元になるワインに甘い風味をもつものを使うのも1つの手だ。また低アルコールの白ワインには甘い香りのマスカットのワインやゲビュルツトラミネールのワインを混ぜ、甘い印象が強くなるようにすることもある。

　甘い白ワインやシャンパンにとって糖類と酸類のバランスはとても重要だ。糖類と酸類は拮抗するので、甘味は酸度によって打ち消されてしまう。同じワインでも酸度の低いワインの方が酸度の高いワインよりも甘く（時に腰が弱く）感じる。貴腐ワインはとても高く評価されるが、これも濃縮された甘さや風味と、貴腐菌によりブドウがしぼむ過程で濃縮された酸度との賜物だ。世界で最高と言われる甘口ワインは糖度も高いし酸度も高い。

マストやワインにカリウムが存在する場合、酒石酸を使うとカリウムと結合してしまうため、醸造所ではリンゴ酸を使ってpHを少し変えることがある。暖かい地方では醸造所によっては硫酸でpHを変える。効果が高いからだがこれは違法だ

ポリフェノール類

　赤ワインで最も重要な風味化合物はポリフェノール類だ（白ワインではさほど重要ではない）。ポリフェノールとは基本骨格にフェニル基をもつ化合物で、様々な種類がある。一般に健康増進効果があると考えられているが、唾液に含まれる高プロリンタンパク質（PRP）などと結合しやすいため、作用が期待される体の各部位までは届かない。ポリフェノール類の中で重要なものを以下に紹介する。

・**非フラボノイド系ポリフェノール**：分子量の小さな化合物。安息香酸類（没食子酸など）とケイ皮酸類の2種類がある。ブドウでは他の物質と結合した形（エステルや配糖体など）で存在することが多い。

・**フラバン－3－オール**：ワインの中では重要な化合物。カテキンやエピカテキンを含む。プロシアニジン（縮合型タンニン）と呼ばれる重合体はとくに重要である。

・**フラボノイド**：フラボノールとフラバノールを含む。黄色の色素として赤いブドウや白いブドウに存在する。

・**アントシアニン**：ブドウの赤、青、黒の色素。果皮に多く含まれる。赤ワインにはマルビジンを始め5種類のアントシアニン化合物がある。アントシアニンは熟成の進んでいないワインでは安定していないが、タンニンと反応して複雑な色素を作り、ワインの熟成とともに徐々に大きくなって溶け出し沈殿する。色素の色はマストの酸度と亜硫酸濃度によって変わる。pHが低いほど（より酸性）赤く、高いほど紫になる。

・**タンニン**：「タンニン」は化学的には曖昧な用語だが、ほとんどのテイスターが使う。主に樹皮や葉、熟していない果実などに含まれる、植物由来の複雑な化合物の総称である。タンパク質や多糖など

の植物性高分子と複合体を作る。植物中のタンニンの役割は防御にあると考えられている（渋みや嫌な味がするので草食動物に不快感を与える）。ワインに含まれるタンニンはブドウの果皮、茎、種子に由来し、ワインへの抽出は醸造の仕方によって決まる。赤ワイン醸造中のタンニンの管理は重要である。タンニンは唾液中の高プロリンタンパク質と結合して沈殿し、この沈殿物が渋みを感じさせると考えられている。またタンニンは口の中の組織と直接反応することもある（第3章参照）。

アルコール

　ワインの風味に影響を与える化合物といえば、アルコールを忘れてはいけない。発酵中に酵母が作り、ほとんどのワインで通常10〜15％の濃度で含まれる（多少の上下はある）。アルコールは人体の

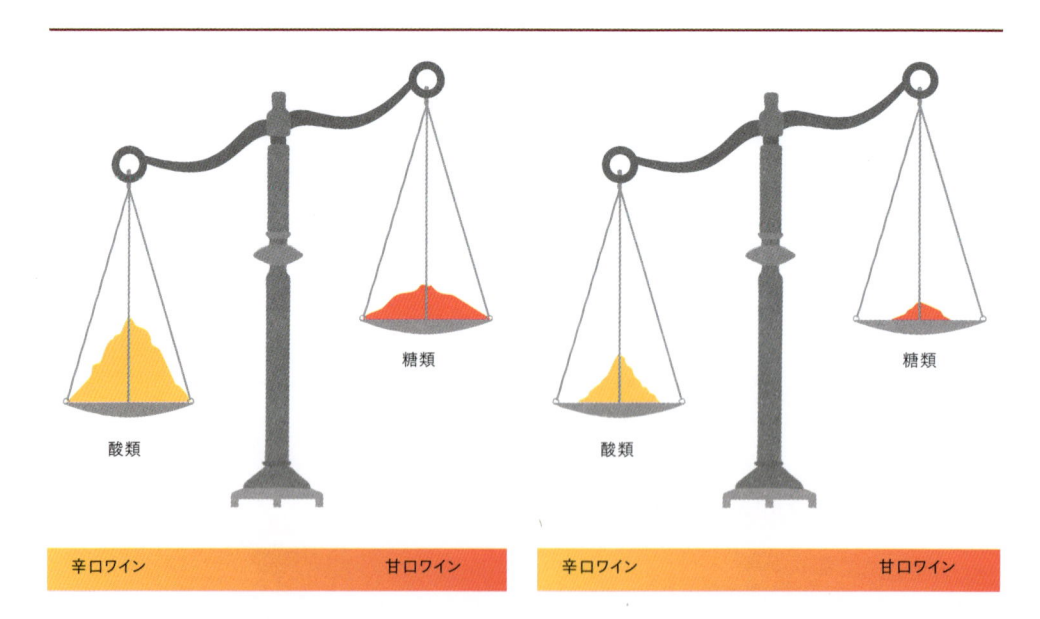

酸味と甘味
酸味と甘味は互いを相殺する。糖類を多く含むワインでも酸度が高ければ糖類の少ないワインと同じくらい辛口に感じる。風味は糖類と酸類、いずれかの量ではなくバランスによって決まる

中枢神経にも作用するが、ワインの風味にもかなり大きな影響を及ぼす。

エタノール（エチルアルコール）はワインの中で最も重要な成分で、酵母が糖類を発酵して生じる。エタノール自体にはほとんど味がないが、ワインに含まれるアルコールの量は品質に著しい影響を与える。これはアルコールを除去する際に行われるテイスティングでも確かめられていることだ。アルコール濃度の高いワインができた場合、逆浸透法という操作でアルコールを除去しながら濃度を調整することがあり、その結果同じワインでもアルコール濃度だけ違うサンプルができる。例えば12〜18％まで0.5％刻みのアルコール濃度のサンプルが得られたとして、これらを試飲すると、アルコール濃度によってテイスターの好みははっきり分かれるし、感じたことを描写する際に使う言葉も違う。アルコールが多いと苦味や渋みが増し、「熱い」と評されることもある。

過去20年で、気候変動と、果実味を前面に押し出したワインが市場から要望されるようになった結果、多くのワインのアルコール濃度が上昇した。そこである研究者は、アルコールが赤ワインの知覚に及ぼす影響の研究を行ったところ、アルコール濃度の上昇は多くの場合、図らずも風味とも密接な関係をもっていた。アルコールは香りよりも味や口当たりに影響を与えたのだ。またアルコールは苦味や渋みを増やす一方で、酸味を抑えたり、甘さの感じ方を変えたりしていた（ワインを甘くした）。

アルコールには香り化合物の溶解度を変える働きがある。香り化合物の多くは溶液から放出されにくくなるため、香りの少ないワインになる。2000年にR.S.ウィットンとブルース・ゾエクラインが分析したところ、アルコール濃度が11％から14％に上がると、ワインに含まれる代表的な揮発性成分の回収率が低くなった。2007年にはフェレイラのグループが、ある種の赤ワインにベリー類の風味を与えるエステル類を同定した。ところがこれらのエステル類をワインに加えても果実味は増えなかった。ワインに含まれるアルコールなどの成分によってエステル類の影響が抑えられたためだ。またワインに含まれる濃度と同じになるように調整した9種類のエステルを含む溶液にエタノールを加えていったところ、アルコール濃度の上昇とともに果

ヘイマンらは新鮮な果実の香りはアルコール濃度の上昇とともに減少することを示した。花のような香りも同じ傾向があった。一方、アルコール濃度の上昇とともに、「木のような」、「胡椒のような」、「薬品のような」匂いが増えた

ラベルに表示されている濃度は必ずしも正確ではない。アメリカでは14％以下で1.5％、それ以上では1％の誤差が認められているからだ。EUでは0.5％。新世界諸国の詳細は明らかではないが平均で0.45％、ヨーロッパでは0.39％。したがって14.5％と表示されたワインは15％に近い可能性がある

実味が一気に失われ、アルコール濃度が14.5％で完全に匂わなくなった。またアルコールには、焼け付くような感覚を与えたり、粘り気を高めたりする作用があった。

グリセロール

　アルコールと水に次いでワインに多く含まれる成分はグリセロールだ。グリセロールは発酵中に酵母によって作られる。グリセロールの最終濃度は酵母の株、ブドウの成熟の程度、発酵の状態、マスト中の窒素源といった条件によって異なる。グリセロールは辛口ワインでは概ね1リットル当たり4〜9グラム含まれ、貴腐ワインになるとずっと多くなる。グリセロールはこくや粘り気を与えるので、一般にワインには望ましい成分と考えられている。グリセロール自体、確かにわずかに甘味があるが、粘り気や口当たりに対する効果を得るにはかなりの量を加えなければならない。したがって、グリセロールが質に与える主な影響はかすかな甘味を加えることであり、とても魅力的な働きだ。なお、甘口ワインの場合はグリセロールは1リットル当たり約25グラム含まれる。この数字は、検出可能な方法で粘り気を変化させるのに必要なしきい値に達している。

ワインをグラスに注ぎ軽く回すと、グラスの内側を伝わってしずく（涙や脚と呼ばれる）が落ちる。しずくは粘度のあるなしの判断基準となる。またしずくはグリセロール含量と関係すると言われることがあるが、誤解である。しずくは水とアルコールの表面張力の違いによって生じる。その程度は、ワインの質ではなく、主にアルコール含量に関係する。しずく現象はマランゴニ効果といい、若くて、深い色のポートワインではとても美しく現れる

アセトアルデヒド

　エタナールとも呼ばれ、アルコール（エタノール）の酸化によりできる。はっきりしたリンゴやナッツのような風味があり、シェリー酒のフィノやマンサニーリャ、フランスのジュラ地方のヴァン・ジョーヌの重要な成分である。赤ワインではたいてい1リットル当たり約30ミリグラム、白ワインでは80ミリグラム、産膜酵母で熟成したシェリー酒では300ミリグラム含まれる。ワイン中での感覚しきい値は1リットル当たり約100ミリグラムである。

ワインの欠陥

　ワインの欠陥はとても奥が深く、本書ではじっくり解説しきれない

が、鍵となる欠陥については大事なので触れておく。その前に少し説明を。欠陥とは何をもって欠陥とされるのだろうか？　汚染されたコルクが原因のカビ臭い匂いを除けば、欠陥と言われる成分は、たとえしきい値濃度以上存在したとしても必ずしも欠陥ではない。例えば酸化はほとんどの場合欠陥とされるが、ワインでは魅力的な結果をもたらすことがある。酵母にブレッタノミセスを使うとスパイシーで、わずかに動物臭の風味が生じるが、賞賛する人もいる。

・**コルクの汚染**：カビ臭いコルクの原因は、ある種のコルクに存在するカビの代謝物（主に2,4,6－トリクロロアニソール。TCA）だ。質の悪いコルクを使うとほぼ必ずカビ臭が発生するが、樽や醸造所の建築資材にハロゲン化アニソール類（TCAを含む化合物のグループ）が含まれ、これがワインを汚染してカビ臭を引き起こすこともある。天然コルク栓のおよそ3％がTCAに汚染されているようだ。かつてはもっと多かったという指摘もある。オーストラリアでは1990年代半ばにかなり深刻なコルク汚染が生じた。コルク栓で封をしている限りは、避けられない問題だ。

・**ブレッタノミセス**：ブレットとも呼ばれるブレッタノミセスはブドウ畑や醸造所の環境の中に存在する酵母だ。条件が揃えば、とくにアルコール発酵の終わったワインの中で成長する。ワインの中にほんの少し糖分が残っていれば、他の酵母は見向きもしなくてもブレットは栄養源にする。さらにワイン中の他の成分も使う。ブレットは感覚に影響を与える様々な副産物（おもにエチルフェノールとイソ吉草酸）を作り、肉、スパイシー、動物、馬の汗などと表現される匂いを放つ。有名なワインの多くにはかなりの割合でブレットが混入する。風味に影響を与えるエチルフェノールは4－エチルフェノールである。通常であればワインに4－エチルフェノールは含まれないので、ブレット混入は4－エチルフェノールで診断する。

・**還元**：ワインでは還元という言葉は、揮発性硫黄化合物の引き起こす問題に対して使われる。揮発性硫黄化合物は酸素に触れないようにしたワインで増えることが多く、タマネギ、加熱したコルク、マッ

ワインのスタイルによってはブレットが低濃度で存在するとその風味に複雑味が加わることもある。高濃度になるときつくなりすぎる。ブレッドは風味にプラスの影響を及ぼすこともあるし、金属のような風味を与えて簡単にだめにしてしまうこともある。ブレッドは飲み手にも好む人がいる一方で、拒絶する人もいる

チ棒、煙、火打石のような匂いがする。揮発性硫黄化合物の中でもとくに問題になるのが、排水溝や腐った卵の匂いを発する硫化水素だ。感知すれば即問題となる。ジスルフィド類、メルカプタン類（チオールともいう）、チオエステル類、ジメチルスルフィドなどもっと複雑な化合物は、濃度や状況に応じ、問題になるかと思えば複雑味を与えると評価されることもある。またある種のメルカプタン類の発する擦ったマッチや火打石の匂いは、実はシャルドネやブルゴーニュの白ワインでは好ましく受け止められる。とはいえ複雑味を高めるからといって軽く扱うと痛い目に遭う危険がある。

・**酸化と揮発性の酸**：酸化と揮発性の酸は同時に生じることが多く、いずれもワインの欠陥とされる。酸素はワインに大きな損傷を与えるものの、ある種のワインでは発酵や熟成に欠かせない。したがって適切な酸素管理はとても重要だ。近年、広く使われているマクロ、ミクロ、ナノ・オキシジェネーションという手法がある。一次発酵の間は酵母が順調に仕事をこなすために大量の酸素が必要となる。この段階をマクロ・オキシジェネーションという。アルコール発酵が終了すると、一転してワインを酸素から守らなければならない。ただし、完全にというわけではない。樽の中でワインはほんの少し、熟成するのに十分なくらいの酸素に触れるからだ。これはプラスの変化である。ところが、ある種のワインは酸素をほとんど必要とせず、完全に空気を排除するステンレス製のタンクなどで熟成させる方がよいものもある。タンクに入れた赤ワインの場合などは、ほんのわずかの酸素を意図的に注入（ミクロ・オキシジェネーション）することもある。最後に、ワインを瓶詰めした後、栓を通してごくわずかの酸素を注入すると熟成がうまくいく。この方法をナノ・オキシジェーションという。このように酸素はワインをよい方向へ変化させる一方で、酢酸菌の作用によって揮発性の酸を生じる、つまりワインを酢に変えてしまうこともある。ごくわずかな濃度であれば揮発性の酸は複雑味を与え、鼻につんとくる感じをもたらす。ところが濃度が上がるにつれて、好ましくない甘さと酸っぱさをもたらす。酢酸エチル（酢酸のエステル化によって生じる）に由来するマニキュアのような匂いをしばしば伴う。揮発性の酸に対してはとくに敏感な人もいるが、それで

もなお意図的に酸化させるスタイルのワインもある。有名なところではオロロソ、アモンティラード（シェリー酒）、マデイラ、トゥニー・ポートなどがそうだ。

・**ネズミ臭**：ワインのネズミ臭は増えつつある。主に、より自然なワインを求める醸造家が二酸化硫黄の使用を減らしているためだ。ネズミ臭の原因は微生物の作用によってできる次のような化合物である。2－アセチル－3,4,5,6－テトラヒドロピリジン、2－アセチル－1,4,5,6－テトラヒドロピリジン、2－エチルテトラヒドロピリジン、2－アセチル－1－ピロリン。ワイングラスに鼻を近づけてもこれらの匂いはわからない。ワインのpHでは揮発しないからだ。しかし一旦口に含むとpHが変わり、口腔内からラットのケージやネズミの尿のような匂いがしてくる。なんとも嫌な匂いだ。

・**ジェオスミン**：ジェオスミンは土のようにカビ臭い、あるいはビートの根のような匂いを放つ。土壌微生物の代謝産物だ。したがって土を掘り起こしたような匂いなのである。湿度の高い時期に収穫したブドウでカビによって作られる。フランスのロワール渓谷で2011年に作られた白ワインの多くはジェオスミン臭がある。

・**煙による汚染**：ワインの生産地域で山火事が増加しているため、煙による汚染が問題になっている。木の上で果実が熟しているときに火事が起こると、煙や灰などに汚染され、ワインは乾いた後味になる。汚染物質の一つ、グアイアコールは、白ワインでは1リットル当たり6マイクログラム、赤ワインでは同じく15〜25マイクログラムで感知される。もう1つの汚染物質、4－メチルグアイアコールは焦げた匂いやスパイスのような匂いを放つ。

・**ユーカリプタスの汚染**：ユーカリの木の近くで生育したブドウはミントや薬のような特徴がはっきり出る。ユーカリの葉から放出される、独特の匂いのある油（ユーカリプトール＜1,8－シネオール＞を含む）のためだ。この油は揮発性があるので、ブドウの果実までたどり着く。赤ワインでは発酵中に果皮や種子からも成分を抽出するため

ワイン造りの各段階で酸素を適切に管理しないと、ワインに酸化の影響が出てしまい、好ましくない結果を招く。白ワインではナッツ臭やリンゴ臭がし始める。色が濃くなり、やがて「シェリーのような」香りを帯びる。赤ワインでは明るい赤色や紫赤色が消え、オレンジや茶色が強くなる。フルーティーな香りが消え、焼けたような、煮込んだような味がし始める。酸化の早い段階では、開いていて（香りが十分放出されている）、フルーティーで、アップル臭も帯びる

ミントや薬といったユーカリに由来する匂いが目立つ。ユーカリの木の近くで生育したブドウから作るワインのシネオール濃度は1リットル当たり20マイクログラムにもなる。赤ワインの検知しきい値は1リットル当たり1.1〜1.3グラム。

全体からとらえる風味化学

　ワインの香り研究をどのようにして全体からとらえるのか、ニュージーランドのソーヴィニョン・ブランの研究プロジェクトが貴重な一例を示した。研究の目的の1つはソーヴィニョンに含まれる香りと風味化合物の特性を明らかにすることである。ニュージーランド（とくにマールボロ）のソーヴィニョン・ブランには独特な特徴があり、その理由を突き止めることも視野に入れていた。他のソーヴィニョン・ブランとはどう違うのだろうか？　特有の匂いや味があるからだろうか？　ソーヴィニョンに共通する化合物の中で、とくに高濃度で含むものがあるからだろうか？　ローラ・ニコラウとフランク・ベンクウィッツはこのような疑問を解くため、分析化学の手法を用い、風味を再現する実験を計画した。ベンクウィッツによれば「匂い活性化合物の混合物の知覚というのは、個々の成分の知識からは簡単には予想できない、複雑な応答である」。

　ニコラウとベンクウィッツは2つの切り口から研究を進めた。まずは、ソーヴィニョンの香り成分の、全体の香りに対するおおよその重要度を順に並べたリストを作った。この実験では、GC−O（におい嗅ぎガスクロマトグラフィ）、AEDA（アロマ抽出物希釈分析法、GC−Oと組み合わせた定量的技術）、GC−MS（ガスクロマトグラフィ質量分析法）といった、様々な分析技術を利用した。そして、しきい値検出濃度以上の濃度で存在する化合物を明らかにした。続いて再現実験を行った。まずソーヴィニョン・ブランから匂いを取り除き、その後、重要な匂い活性化合物を元のワインと同じ濃度になるように戻した再現「モデル」ソーヴィニョン・ブランを作った。そして、このモデルワインから化合物グループや単独の化合物を除去して、ワインの感じ方に対する影響を調べた。ワインを評価したのは訓練を積んだテイスターである。この実験がとくに鮮やかなのは、ワインを全体と

して扱った点だ。

マールボロ産のソーヴィニヨン・ブランの特徴

　最初の実験から、マールボロ産のソーヴィニヨンは他のソーヴィニヨンとは多くの点ではっきり違っていることが明らかになった。1つ目は、まずメトキシピラジン類が高濃度で含まれていたこと。メトキシピラジン類には、2－メトキシ－3－イソブチルピラジン（MIBP。別名イソブチルメトキシピラジン）、2－イソプロピル－3－メトキシピラジン（MIPP。別名イソプロピルメトキシピラジン）、2－メトキシ－3－セカンダリー－ブチルピラジン（MSBP。別名セカンダリー－ブチルメトキシピラジン）などが含まれ、マールボロ産のソーヴィニヨンではとくにMIBPが重要な働きをしていた。他のソーヴィニヨンも共通のメトキシピラジン類を高濃度で含むが、マールボロ産のものはどれもかなり高濃度でMIBPを含んでいたのだ。2つ目は、マールボロ産のソーヴィニヨンには多官能チオール類という化合物グループが異常なほどの高濃度で存在していたこと。3つ目、これはソーヴィニヨンではとくに重要と考えられる3MH、3MHA、4MMPについて。マールボロ産のソーヴィニヨンではとくに3MHと3MHAが極端に高かった。同じ地区でも、また年によっても3MHと3MHAの含有量は目に見えるほど変動するが、マールボロ産のソーヴィニヨンは他の地域のものよりも概ね高い平均濃度だった。

　ここでの実験の目的は、匂い活性値（OAV）が1以上の化合物のリスト作成だ。まず標的化合物を突き止めるためにGC－O、AEDAを用いて定量した。AEDAでは検出され得る化合物の最大希釈率を求め、FD（風味物質希釈率）ファクターとした。FD値の順に並べると、重要度順のリストができることになる。OAVを決める前にこのリストでスクリーニングしたのだが、この段階にはとても時間がかかった。OAVは、ワインに含まれる匂い物質の濃度を知覚しきい値で割って得られる。OAVが1の化合物は知覚しきい値の濃度で存在し、2の化合物は知覚しきい値の濃度の2倍存在することになる。

　そして、一旦匂いを取り除いたワインを作ってから、匂いや風味化合物を元の濃度になるように戻した。最初は19種類の化合物を戻

「私はワインの香りの講義をしています。以前はワイン中で、匂い活性の低い化合物が知覚しきい値より低い濃度の場合は、それほど重要ではないと教えていました。ところが研究を進めれば進めるほど、ワインという混合液の中ではそのような化合物こそが、他の成分の知覚に影響を与える重要な物質だということがわかってきました」
ローラ・ニコラウ

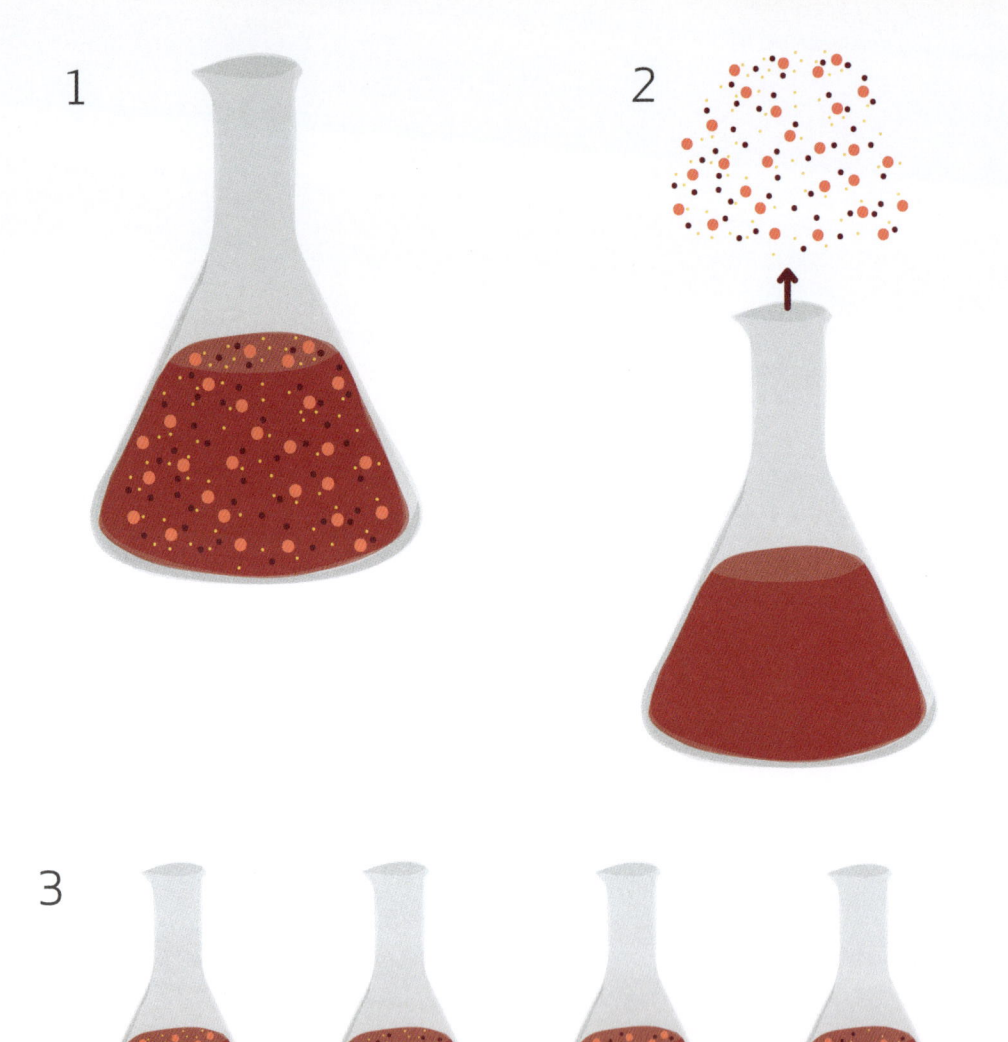

意表をつく再現実験

1. 風味化合物を含んだままのワインを用意する
2. 匂い化合物をすべて取り除く
3. 主な匂い化合物を、元の濃度になるようにして戻す。特定の化合物やいくつかの化合物を含むグループを除いて、ワイン全体の香りに対する影響を評価する

して「完全な」モデルを使ったが、後にOAVが2以上の11種類の化合物で十分とわかった。このようにして作ったモデルワインは元のワインとかなり違っていたものの、pHやアルコールやポリフェノールの違い（匂いを取り除く過程で生じる）が補正されればもっと近いものができるかもしれないとベンクウィッツは考えている。

モデルワインを使った実験

ニコラウはモデルワインによる実験の意図を次のように説明している。「ソーヴィニヨン・ブランから匂いを取り除き、ワイン中に含まれると思われる濃度になるように匂い成分を戻す。このとき、匂い成分のいくつかを組み合わせて除く。化合物のグループに着目するならば、例えばすべてのエステル類、あるいはすべてのチオール類、または1種類のエステルあるいはチオールを一度に取り除く」。こうして再現したワインの分析は　オークランドの植物・食品研究所の知覚科学グループに依頼したところ、「ソーヴィニヨンではテルペン類の結果に驚いた。テルペン類を取り除くとワイン全体の感じが大きく変わったのだ」そうだ。

エステル類もかなり影響する。ワイン中のエステル類は発酵の間に作られ、匂いはフルーティー、フローラルと表される。ボトル詰めされたワインでは1年も経つと加水分解し、pHが低いほど加水分解は加速される。「エステル類は広範囲にわたって影響を与え、一般にはトロピカルフルーツをはじめとするフルーツの匂いに影響する」そうだ。エステルを除去すると、ほとんどの評価用語について強度が少し低くなり、「パッションフルーツの皮や茎」や「甘い」の評価は大幅に減る。ニコラウによれば、「以前はこの匂いはチオール類に由来すると考えていたが、エステル類も同じ匂いがするようだ。チオール類を取り除くと、例えばテルペンを取り除いた場合よりも違いが少ない」という。実際、3種類のチオール類、3MH、3MHA、4MMPを取り除いたところ、全体の匂いに対する影響は期待していたほど大きくはなかった。一方、2種類のテルペン類、リナロールとα－テルピネオールをモデルワインから取り除くと、かなり大きな影響が出る。「リンゴキャンディー」、「モモ」、「トロピカル」といった特徴がすべて減っ

ベンクウィッツは83種類のソーヴィニヨン・ブランを調べ、49種類ほどの匂い化合物を突き止めた。その多くは微量でしか存在していなかった。一番目の実験からすべてのソーヴィニヨン・ブランが質的には同じものであることがわかった。つまり83種類すべてが同じ化合物でできていた。が、濃度は違っていた。マルボロ産にしか含まれない特有の化合物はなかった

たのだ。またリナロール、ネロール、ゲラニオール、シトロネロール、α－テルピネオールは炭素10個の骨格からなるモノテルペン類に含まれ、これらは相乗的に作用し合い、爽やかなフローラルの匂いを放つが、ソーヴィニヨン・ブランでは通常それぞれしきい値以下の濃度でしか存在しない。このような化合物がこれほどまでに大きく影響するのはとても興味深い。

　1－ヘキサノール、シス－およびトランス－3－ヘキサノール、シス－およびトランス－2－ヘキセノールを含む、炭素が6個の化合物はとても重要と思われる。「ハーブのような、青臭い、草のような」表現される匂いだ。これらを取り除くと、「パッションフルーツの皮や茎」やトロピカルな特徴が減る。重要なメトキシピラジンMIBPは「唐辛子、植物のような、青臭い」匂いと表現されるが、これを除去してもワインのかもす唐辛子の強さは変わらない。唯一の大きな変化は「火打石のような」特徴の強さが減ること。これは驚きである。というのもメトキシピラジン類はソーヴィニヨン・ブランのインパクト化合物と考えられているにも関わらず、実験結果はこの仮説を支持しないからだ。

　また、果実やバラの匂いを放つノルイソプレド類のβ－ダマセノンを除去する実験と、除去しない実験を行った。その結果、β－ダマセノンはチオールの感じ方を強めるが、単独で除去した場合は、わずかな影響しか与えなかった。β－ダマスコンはソーヴィニヨン・ブランの中ではとても重要な化合物であることがわかるかもしれないとベンクウィッツは考えている。ノルイソプレノイド類は炭素が13個の化合物である。果実が熟す過程でカロテノイドという化合物が分解してできる。β－ダマセノンと同じくα－およびβ－イオノンも重要であり、スミレの匂いを放つ。

　除去の影響が比較的大きな化合物がもう1つある。β－フェニル酢酸だ。モデルワイン中のβ－フェニル酢酸のOAVは1を少し超えるくらいだが、取り除くと影響はとても大きい。香り全体の強さを下げ、さらに「バナナキャンディー」、「リンゴキャンディー」の香りの評価をわずかに上げる。ヘキサン酸エチルを取り除いた場合もかなりの影響が出る。「バナナキャンディー」、「リンゴキャンディー」の香りが増え、「トロピカル」、「甘い」、「パッションフルーツの皮、茎」、「火打石

のような」という評価は減った。

　ワインの風味を化学の目で見る場合、1個の化合物だけにターゲットを絞る、還元主義的な方針は明らかに時代遅れだ。現在では、ワインの風味と香りを理解するための、新しくてより全体的なアプローチが登場している。全体的な視点からアプローチすると、ワインごとに味が違う理由をより深く考察できることが期待される。いつの日か、さる有名なワインがどうしてそのような味なのか、化学的に説明できるようになるかもしれない。しかし、そうした複製のようなワインを、それほど土壌条件のよくない土地から作れる日が来るだろうか？　また、それは望ましいことなのだろうか？

風味の知覚の個人差

　人は様々な点で異なっている。100人の人をランダムに選べば、当たり前のことだが身長や目の色といった体の特徴に幅がある。だが、味覚や嗅覚も同じくらい異なっているというと、なんとなく気持ちがいいものではない。実際のところ、風味や匂いの知覚はどれくらい個人差があるのだろう？　この章では、風味の知覚の個人差について、そしてそれがワインのテイスティングにとってどのように重要なのかを見ていく。

正反対の評価

　例えばこんな場面を考えてみよう。2人のワイン批評家が、醸造過程でほとんど手を加えていない「自然派ワイン」を提供するバーにたまたま居合わせる。批評家の1人は、攻撃的な顔つきをした中年の男性だ。彼はバーテンダーからワインリストをひったくってざっと目を通し、もう片方の批評家である（落ち着いてはいるが意志の強そうな）年下の女性に渡す。「君はこんな安酒を飲むのかい？　品がない。まったくもって冗談みたいだ。恥ずかしい代物だよ。本物のワインというのはだな……」。そう言うと、男性は自分がもって来たボトルを出そうと鞄の中をごそごそと探りはじめる。その様子を見た女性はあきれたように天を仰いだあと、「待って。あなたが驚くようなものを選んであげる」と答える。

　出てきたワインは、南アフリカ産の亜硫酸塩無添加の自然派グルナッシュだ。淡い赤色で、かすかに濁りがある。女性は一口飲む。新鮮で風味がよく、魅力的な強いレッドチェリーの香りがし、鋭い酸味でフレッシュさが保たれている。男性は眉をひそめて首を振る。「薄くて海藻っぽいし、軽くてコンセントレーションがぜんぜんない」というのが彼の意見だ。男性は新しいグラスを頼み、もってきたワインを注ぐ。深紫色で濃く、コンセントレーションが非常に強い。2人は一口飲む。男性は微笑んで勝利を確信する。女性はこれ見よがしにワインを吐き出した。「飲めない」というのが彼女の評価だ。「オーク

の香りがして、成熟しすぎで、スープみたいなテクスチャー」と女性は言う。「完全な出来損ないだと思う。こんなの飲めない」。こうしてどちらも譲らず、互いに相手の味覚は完全におかしいと言い張って、最後は物別れに終わる。

超有名な批評家たちの論争

　これはほんの例え話だが、現実の世界でも批評家が正反対の結論に達することがある。2003年、ボルドーのサン＝テミリオン地区にあるシャトー・パヴィが生産したワインについて意見が真っ2つに分かれた。特に有名なのが、世界で最も有名なワイン批評家であるジャンシス・ロビンソンとロバート・パーカーの論争だ。

　ロビンソンのテイスティングノートには「食欲がすっかり削がれる熟しすぎた香り。ポートワインの甘さだ。まったく！　ポートで最高なのはドウロ産で、サン＝テミリオン産ではない。ばかげたワインだ」とある。彼女の採点は20点満点中12点だった。一方、この時点ではパーカーは採点を公表していなかったが、自分の掲示板ですぐさま反撃し、2人の間で論争が始まった。パーカーは最初は96/100をつけ（その後のテイスティングでは99/100という高い点をつけた）、次のように述べている。

　「また1つ抜群のワインが登場……気品に溢れる豊かさとミネラルの風味にはっきりした輪郭と高貴さが感じられる。サン＝テミリオンで最高級のテロワール（生育環境）の真髄を示している。ミネラル、黒い果実と赤い果実、バルサミコ酢、カンゾウ、スモークが感じられる挑発的な香りだ。並外れた豊かさ、注目に値するフレッシュさ、めりはりが口の中を横切る。フィニッシュはタンニンが強いが、このワインは酸性度が低く、アルコール濃度が通常より高い（13.5％）ため、数年で飲めるようになるだろう。予想される飲み頃は2011〜2040年。2003年のボルドー右岸で最高の3つのワインの1つ」。

　パーカーとロビンソンはどちらも世界的に有名なワイン批評家だ。テイスターとして無能だったら現在のような成功はありえないので、評価の違いが能力の差だとは言い難い。ではなぜ、ここうも見事に評価が異なったのだろうか？　1つは、パーカーがインターネットで

ジャンシス・ロビンソンが考える、ワインの品質の重要な要素はティピシテ（その土地、その品種らしさ）のようだ。そのため魅力的な味のワインでも、サン＝テミリオン産のワインの味はこうあるべきという通念に沿った味でなければ、点数を低くつけることがある。しかし、20点満点中12点という極めて低い評価は、ティピシテに欠けるという不満だけで説明がつくだろうか？

コメントしたように、ロビンソンがパヴェのオーナーであるジェラール・ペルスが作るワインのスタイルを個人的に嫌っているからかもしれない。しかし、ロビンソンはこのワインのテイスティングをブラインドで行ったので、それでは説明がつかない。もう1つは、パーカーとロビンソンはテイスティングで同じ風味を感じたものの、それらの解釈の仕方が違っていたということだ。この2人の意見の違いには、さらに別の説明もある。それが「知覚の個人差」という概念であり、この章のテーマでもある。

　遺伝的に同一な一卵性双生児以外は、地球上の誰もが独自の遺伝暗号をもっており、まったく同じ人間など存在しない。しかし、こうした個人差の多くは連続的に見えるものだ。つまり100人の人を身長順に並べたら、それぞれの身長差は一番低い人から高い人まで少しずつ高くなっていくように見えるだろう。身長は集団内で正規分布に従って変動し、グラフで表現すればベルのような形の曲線になる。多くの人は中央付近のどこかに位置し、非常に背が高い人たちと非常に背の低い人たちの数はだんだん少なくなる。そのため正

嗅覚受容体の種類の違い

舌にある味蕾の密度の差——スーパーテイスター／ミディアムテイスター／ノンテイスター

ワインの知覚における個人差

トップダウン認知の影響：知識、予想、個人の嗜好

唾液分泌量の差

規分布集団に製品を売り込むとしたら、普通は、ほとんどの人が位置する中央付近をターゲットにするはずだ。

風味の知覚の場合、こうした連続的な変化にはそれほどおもしろみがない。正規分布の真ん中に位置するほとんどの人たちにアピールするワインや飲食物を作りたいと思う人もいるだろう。しかし、味覚と嗅覚にそれぞれ違いがあるとしたら、集団を独自の風味の世界に住んでいる人々のグループに分けることができるので、そちらの方が遥かにおもしろい。そうなれば、平均的な人をターゲットとした製品を1つ作るのではなく、各グループを別々のターゲットとして考え、人々の嗜好にもっとよく合う製品を何種類も作ることができる。

ワインの知覚の個人差には3つの要素がある。1つ目はテイスティングに関わる体の器官の個人差だ。味蕾（みらい）の分布は人によって異なるし、風味を味わう能力の遺伝的な違いと嗅覚受容体の種類の違いが組み合わさると、匂いは嗅ぐ人によって異なる可能性がある。また、口の中のワインの感触に影響を及ぼす唾液分泌量にも個人差がある。2つ目はそれまでに経験してきた風味の違いだ。以前の章ですでに論じたように、私たちは学習によって匂いを認識する。また、味を匂いと結びつけたり、これらの感覚を視覚など他の感覚と結びつけたりするときにも学習が関わってくる。3つ目は、ワインテイスティングの経験に対するトップダウンの認知的入力。つまり、私たちの知識や期待、個人的な嗜好は知覚に影響を与えることがあり、それらがワインに対する判断に関係してくるという考え方だ。この章では、これらの点を別々に論じ、個人差がどれくらい重要なのかを正確に見ていこう。

認知心理学者のウェンディー・パーは、研究者に次のように警告している。「味覚と嗅覚に関する知覚はワインテイスティングにとって重要であるうえ、視覚、聴覚、三叉神経刺激に関する知覚よりもずっと個人差が大きいことが、研究から明らかにされている。感覚データとワインの化学組成を一致させたり、他の理由によるばらつきを抑えたりするために、テイスターのもつ概念や話す言語を揃えるという方法があるけれども、この不自然な方法では、現実世界のワインテイスティングで有効なデータを得られる可能性は低い」。

研究者の中には、人間はそれぞれまったく違う味覚の世界に住んでいると主張する者もいる。それが本当なら、ワインテイスティングや審査、教育にも大きな影響があるはずだ

スーパーテイスター

　1994年、科学関係誌の編集者として働いていた私は、所属していた団体が味覚変換と嗅覚変換の分子的基礎について開催した会議に出席した。講演者の1人に、当時イェール大学の外科教授を務めていた心理物理学者のリンダ・バートシュクがいた。講演中、バートシュクはプロピルチオウラシル（PROP）という化合物を染み込ませた小さな吸い取り紙を聴衆に配り、それを舌の上に置くよう指示した。聴衆の4分の1は何も味を感じなかったが、半数の人たちはかなり苦いと感じ、残りの人たちは極めて不快な強い苦味を感じた。私たちは、こうして「PROP味覚感受性」と呼ばれるものを知った。

　バートシュクは、PROPとその類似化合物は味細胞に存在する特定の苦味受容体を刺激すると説明する。PROPを感じない人（ノンテイスター）は、ある遺伝子座（遺伝子の位置）について2個の劣性対立遺伝子をもつが、PROPを苦いと感じる人は優性対立遺伝子を1個または2個もっている。「私の研究室では、テイスターに大きなばらつきがあることを発見した。最も味蕾が多い人はスーパーテイス

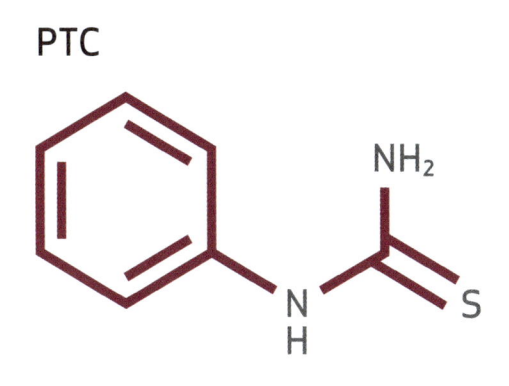

PTC

PROP

PTCとPROPの構造
PTC分子とPROP分子を認識する能力には大きな個人差がある。PTCとPROPの味覚感受性に関する今後の研究は、ワインテ

イスティングの世界に大きな影響を及ぼす可能性がある

ターと呼ばれている」とバートシュクは言う。「スーパーテイスターは華々しい味の世界に住んでいる。彼らはノンテイスターより3倍ほど強く味を感じる」。しかし、こうした遺伝的な違いの影響を受けるのは味覚だけではない。「スーパーテイスターはアルコールによる刺激をずっと強く感じるし、口内の触覚もずっと鋭い」と彼女は付け加える。ワインのタンニンは触覚として認識されるので、このことはワインテイスティングにも大きく関係してくる。

バートシュクは「ワインテイスティングで生じる感覚にとって、最も重要な属性はレトロネーザルだろう。私たちが外界の匂いを嗅ぐときの香りはオルソネーザルと呼ばれている。ものを口に入れて噛んで飲み込んだときには、揮発性物質が空気とともに口蓋の奥から鼻腔に押し上げられる。こちらがレトロネーザルだ」と続ける。スーパーテイスターはレトロネーザルを強く感じるようだが、これはおそらく口腔感覚をより強く感じるからだろう。

PROP味覚感受性がワイン界の注目を大いに集めているのは、こうした遺伝的なばらつきがワインの味わい方に影響すると考えられるからだ。しかし、それだけではない。PROPの感受性にタイプがあるのは、TAS2R38と呼ばれる味覚受容体をコードしている遺伝子の突然変異が原因だ。この遺伝子にはPAV（プロリン-アラニン-バリン）型とAVI（アラニン-バリン-イソロイシン）型の2種類がある。PAV型の対立遺伝子を2個もっていればスーパーテイスターに、AVI型の対立遺伝子を2個もっていればノンテイスターに、それぞれの対立遺伝子を1個ずつもっていればその中間のミディアムテイスターになる。また、スーパーテイスターは舌の上にある茸状乳頭（味蕾はこうした乳頭の上に存在する）の密度が高いこともわかっている。

PROP味覚感受性の利用

PROP味覚感受性はTAS2R38の突然変異だけによるものなのか、それとも舌の味蕾の数も重要なのか？　この2つがどのように結びついているのかを解明するのは難しい。最近の研究では、味蕾の密度とTAS2R38遺伝子型の間には相関関係がないことが示

され、PROP説にはいささか問題が出ている。

　カナダのオンタリオ州にあるブロック大学のゲイリー・ピカリングは、ワインテイスティングとPROP味覚感受性について研究してきた。彼は「PROPに対する味覚の違いは、すべてではないにせよ、大半はTAS2R38によるものだ」と強調する。ピカリングによると、味蕾の成長因子であるガスチンとPROP味覚感受性の関係がいくつかの研究で明らかになってきたという。これなら、スーパーテイスターの舌に乳頭が多い理由も説明できる。「PROP味覚感受性で興味深いのは、ワインの知覚を含む一般的な味覚感受性を予測するのに役立つことだ」と、ピカリングは言う。さらに、ワインテイスターが自分のPROP味覚感受性を知っていることは役に立つはずだ、と彼は考えている。

　ある研究で、ピカリングらはワインを飲む人331人を調べ、「専門家」（111人）と「消費者」（220人）に分類した。全員のPROP味覚感受性を確認したところ、ワインの「専門家」の方が「消費者」より

自分がスーパーテイスターかどうかをPROPの試験用紙を使わずに調べるには、青色の食品着色料で舌を染め、裸眼で見える乳頭の数を数えるという方法がある。乳頭の数が多い人は、鼓索（こさく）神経線維と三叉神経線維も多い。PROPスーパーテイスターの味覚感受性が全体的に高いのはこのためかもしれない

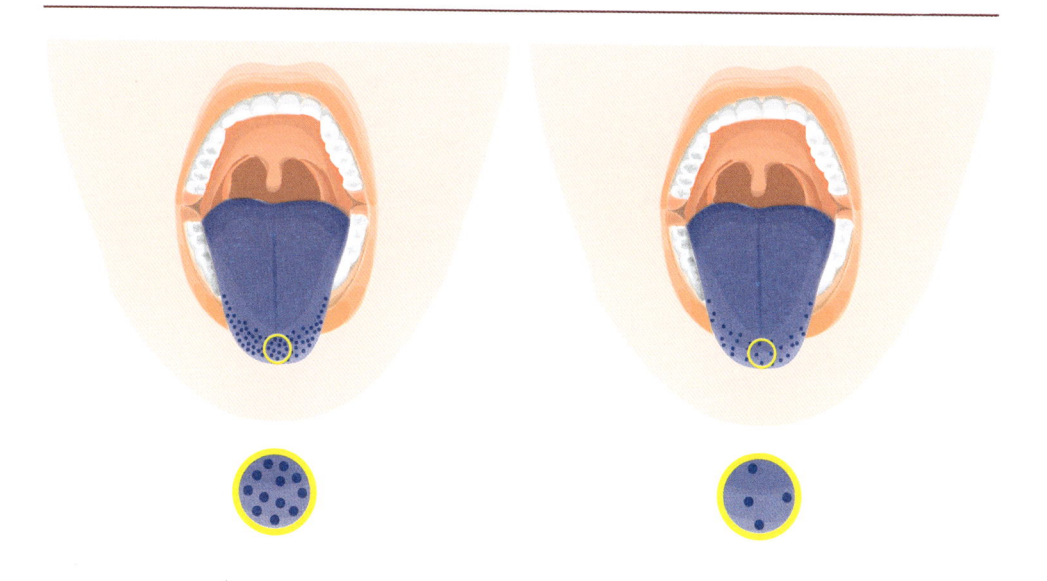

PROPスーパーテイスター試験
自分がスーパーテイスターかどうかを調べる方法。青色の食品着色料で舌を染めると、PROPスーパーテイスターは乳頭の密度が高い。一方、PROPノンテイスターは乳頭の密度が比較的低い

PROPの苦味に対する感受性が高いことがわかった。ピカリングらは、人々は自分の感覚能力に基づいてワイン業界で働くことを選択している可能性があると結論づけた。風味に敏感な人はワインの専門家になる可能性が高いということだ。

彼らは別の研究でアメリカのワイン消費者1010人について、自己申告の好みや14種類のスタイルのワインの消費量に対して、特定の要因が及ぼす影響を調べた。特定の要因とは経験的要因（ワインの専門知識）、精神的要因（アルコール飲料に関する冒険心）、生物学的要因（年齢、性別、PROP味覚感受性）だ。統計的検定に基づいて、ワインの好みには3つのグループがあることを見つけ出し、こうした消費者集団が市場区分を表している可能性があると仮定した。

3つのグループとは、「赤ワインを好む人」、「ドライのテーブルワインを好み、甘いワインを嫌う人」、「甘いワインを好む人」だ。これらのグループは、性別や年齢、世帯収入、教育といった重要な人口統計学的尺度と、ワインの専門知識やPROP味覚感受性でも違いがあった。その後、ピカリングらは研究を拡大してワインを5つのカテゴリー（ドライなテーブルワイン、スパークリングワイン、酒精強化ワイン、甘いワイン、ワインを使った飲料）に分け、ワインの好みと消費量に影響を及ぼす要因を突き止めた。ワインの専門知識は最も重要な要因だったが、PROP味覚感受性とアルコール飲料への冒険心も重要であり、年齢と性別はそうではなかった。

2000年、温度依存性味覚（サーマルテイスト）という新たな種類の味覚感受性がアルベルト・クルースとバリー・グリーンによって発見された。これは、舌を温めたり冷やしたりしたときに生じる味覚の「幻」であり、集団の40％近くの人々がこうした感覚をもつサーマルテイスター（TT）だ。TTは、温度変化によって普通は金属的な味を感じる。また、舌の先端を冷やしてから温めたときは甘味を感じ、舌の先端を冷やしたときは酸味や塩味を感じるという一貫した結果が得られている。TTは、味や何らかの三叉神経刺激（口で感じる触覚）への反応性が高いという報告がある。

特異的無嗅覚症：「嗅盲」

　人間の嗅覚受容体は約400種類あり、そのほとんどが複数の匂い分子に反応する。しかし、1個の遺伝子の突然変異から生じる特異的無嗅覚症（嗅覚の消失または障害）の例もある。最も有名なのがOR7D4の特異的無嗅覚症だ。OR7D4遺伝子は、ある嗅覚受容体タンパク質をコードしており、そのため人間は、ブタで作られるアンドロステノンという不快な匂いのステロイド化合物を感知できる。ただ、それぞれがもつOR7D4遺伝子の型によって、アンドロステノンを不快と感じる人や甘い匂いに感じる人、この匂いを感じない人がいる。全体的に見て、集団の約40〜50％の人々はアンドロステノンの匂いをまったく感じない。

　ところが、アンドロステノンにさらされ続けると、その匂いを感じられるようになることもあるという。これがどのような仕組みなのかと

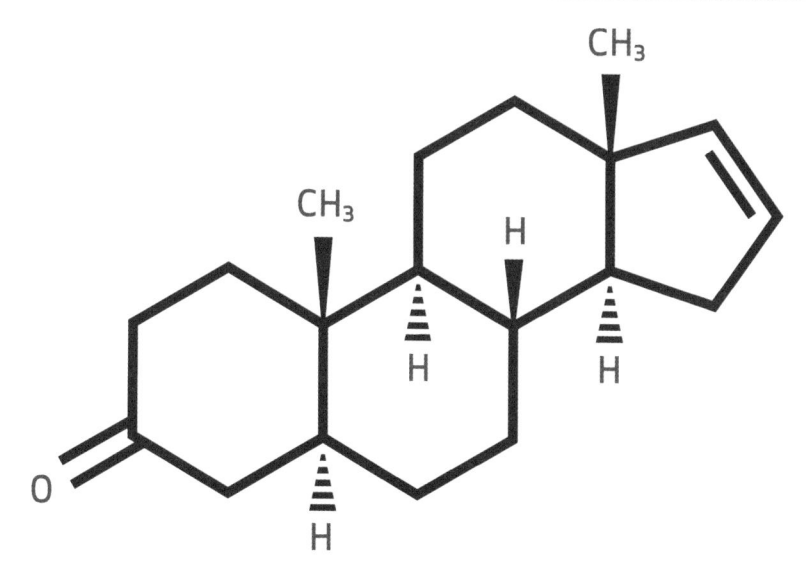

アンドロステノンの構造
アンドロステノンはブタで作られる不快な匂いのステロイド化合物で、この匂いを感じる人は汗のような、尿のような、じゃ香のような匂いと表現する。それぞれがもつOR7D4遺伝子の型によって、アンドロステノンを不快と感じる人や甘い匂いに感じる人、まったく感じない人がいる

いうと、匂いはわからなくても無意識にアンドロステノンを感知できているため、何かの拍子に感受性が引き起こされるようだ。おそらくアンドロステノンという刺激が、アンドロステノンを感知する嗅覚受容体に影響を及ぼし、さらに多くの嗅覚受容体が活性化されると考えられる。

ロタンドンに対する特異的無嗅覚症も、ワインとの関係が深い事例だ。2007年、オーストラリア・ワイン研究所の科学者は、ロタンドンがシラーというブドウの品種から作られるワインに「黒胡椒」のような香りをもたらす分子であることを発見した。ロタンドンは非常に低い濃度で感知されるが、驚いたことに、5分の1の人々はこの匂いをまったく感じない。オーストラリアの調査では、官能評価試験の評価者の多くは水1リットル中8ナノグラムという非常に低い濃度でロタンドンを感知できたが、20％の人は水1リットル中4000ナノグラムでも感知できなかった。

嗅覚受容体の一部が人によって異なるという事実を考えると、特異的無嗅覚症の例が他にないのは奇妙なことだ。その理由の1つは、私たちが匂いをパターン認識という方法で感知しているからかもしれない。

ほとんどの場合、1個の匂い物質は複数の種類の受容体によって認識され、一方でそれぞれの種類の受容体はたいてい複数の匂い物質を認識する。第7章では、私たちが経験によって匂い「物体（対象物）」を学習する仕組みを紹介するが、この場合、複数の、あるいは数百もの異なる匂い分子が一緒になって、ひとつの匂いとして認識されているのである。特異的無嗅覚症で、とくにワインの風味化合物に関わるロタンドンなどを感知できないと、ワインテイスティングの実施や評価に影響する。具体的に言うと、ロタンドンは多くのシラーベースのワインであれほど重要な特徴とされる、ぴりりとした風味をもたらす化合物なのに、20％のテイスターはそれを感じることができないのだ。あるワインショーで審査員が2人いて、片方はロタンドンの匂いがわかるが、もう片方はそうでない場合を想像してみるといい。片方の審査員にとっては素晴らしい胡椒のような香りのするシラーでも、もう片方の審査員はまったく違うワインだと思う可能性がある。

ワインテイスティングでの文化や年齢による違い

　第6章では、風味の経験における学習の重要性について紹介する。香りと風味が脳内で物体（対象物）として表象されるという理論が正しければ、それぞれの人が認識する一連の風味や香りの物体を作り上げる際には、学習が重要な役割を果たしていることになる。したがって、異なる文化の人々は脳内に異なる香りと風味の物体が取り込まれているため、異なる視点からワインにアプローチすると思われる。

　しかし、ほとんどの人は成人してからワインを初めて飲む。つまり、「ワイン」と呼ばれる風味の物体や、様々な種類のワインに対応する風味の物体は、成人になってワインを経験するまでその人の中には存在しない。そのため文化的な背景がどんなものであっても、全員が学習を通してこれらの物体を構築しなければならない。おそらく私たちは、新しいワインを経験し続けることで新たな物体を構築し、既存の物体に磨きをかけているのだろう。このように、成人期という遅い時期にスタートを切ることで、文化的な違いによる影響の一部は相殺されることになる。そうでなければもっと、かなりはっきりした影響を及ぼす可能性がある。

　個人差をもたらすもう1つの要因が年齢だ。たいていの場合、嗅覚は加齢とともに低下する。つまり特定の匂いではなく、すべての匂いに対する感受性が歳を重ねるとともに少しずつ失われていくのだ。こうした嗅覚の低下は緩やかで、気づかないうちに進むことも多い。一方、プロのテイスターにとって朗報なのは、加齢に伴う低下は誰にでも起きるわけではないということだ。80歳の老人でも若い成人と同様の嗅覚をもっている場合がある。しかし、それ以外の人はかなりの嗅覚が失われる。

　それでは、嗅覚における技能の本質とは何だろうか？　さらに、生まれつき才能のあるワインテイスターは存在するのだろうか？　スポーツや音楽といった他の分野では、専門的技能を身につけた熟練パフォーマーはよく知られている。こういう人たちは特別な才能と適切な訓練とが組み合わさったときに、とても見事なパフォーマンス

年を取ってもワインテイスティングで生計を立てようと考えている人は、いくつになっても嗅覚を維持したいと思う。だが、匂いがほとんどわからなくなった後も影響力をもち続けたテイスターたちがいるのは有名な話だ

を発揮するようだ。これは嗅覚でも同じで、訓練をすれば匂いの達人やワインテイスターになれるのだろうか？

　たいていの人は高レベルの技能の獲得に魅力を感じるし、トップクラスのスポーツ選手のパフォーマンスに目を奪われる。ところで、こうしたスター選手の才能は生まれながらのものなのか、それとも訓練で身につけたものなのか？　アンダース・エリクソン教授らは「The Role of Deliberate Practice in the Acquisition of Expert Performance（卓越したパフォーマンスの習得における計画的訓練の役割）」（1993年）という有名な論文の中で、超一流のバイオリン奏者を調べた結果、完璧さをもたらすのは生まれつきの能力ではなく、練習であると結論した。「私たちの文明では、スポーツや芸術、科学におけるパフォーマンスが他の人々より格段に優れている人をいつの時代も高く評価してきた。彼らの偉業が最初に記録された遠い昔から、何があの並外れた能力やパフォーマンスをもたらしたのか、いろいろ考えられてきた。かつては、神の干渉や特別な天賦の才能などによると説明されたこともあったが、科学が進歩するにつれて、このような説明はだんだん受け入れられなくなった。現代では、並外れたパフォーマンスは遺伝によって伝えられるという説がある」。

　エリクソンらが調べたバイオリン奏者は、全員が5歳頃に練習を始めていた。8歳になると練習時間に差が出始め、その違いは20歳になっても続いたため、一流の奏者の練習時間が1万時間になったのに対して、平凡な奏者では4000時間だった。例えば5000時間の練習では一流の才能をもつ奏者が現れなかったことから、生まれつきの才能のおかげで、他の者ほど練習しなくても天才のレベルに達した者はいないことが明らかになった。エリクソンらはこの研究をさらに拡大し、チェスや長距離走、科学といった他の分野の才能をもつ人々を調査して、同様の広く適用できる結論に達した。こうした才能のある人々は、遺伝的に運がよかったからではなく、指導のもとでの練習におびただしい時間を費やすことによって成功したのだ。

　しかし、それほど一生懸命に練習に取り組んだとしても、十分な成果を得られるのは才能に恵まれた者だけではないだろうか？

カナダ人ジャーナリストのマルコム・グラッドウェルは著書『天才! 成功する人々の法則』（2009年、勝間和代訳、講談社）で、練習すれば完璧になれること、また、成功するには1万時間練習する必要があるという考え方を広めた。現在では、1万時間の「法則」はかなり定着している

エリクソンは次のように述べている。「一般的な『才能』という考え方によると、専門家のパフォーマンスの違いは練習と経験の差では説明がつかない。だが、発達上の違い（年齢）を適切に調整すると、特定の種類の活動（計画的な練習）量と、専門家レベルのパフォーマンスを含む様々なパフォーマンスとの間には、一貫した相関関係があることを私たちは示した」。

エリクソンの結論は、社会の一般的な見方とは多少対立している。ほとんどの人は、天才を作り出すには早い時期に生まれつきの違いを見つけ出し、才能のありそうな子どもたちを選んで集中的に訓練することが重要だと思っているはずだ。このように考えると、一流レベルを目指して練習に膨大な時間を費やせるのは、幼い頃からもっていた才能のおかげということになる。しかし、エリクソンは努力の重要性を次のように強調している。「一流のパフォーマーが普通の成人とは質的に異なることは認めよう。しかし、こうした違いが不変のもの、すなわち生まれつきの才能によるものだということは否定する。遺伝的に決まるのは少数の例外だけであり、その中で最も顕著なのは身長だ。その代わり、一流のパフォーマーと普通の成人との違いは、特定の領域のパフォーマンスを向上させるため、生まれたときから計画的な努力をしてきた期間の長さを反映していると私たちは主張する」。

「1万時間の法則」への批判

1万時間の法則という考え方は、驚くほど平等主義的に見える。ちょっと考えてみよう。計画的な練習を十分に積めば誰もが目標を達成できるし、子どもは皆天才になれるのだ。エリクソンの論文は魅力的だが、批判の的にもなった。2014年のメタ分析（あるテーマに関して発表されたすべてのエビデンスを統合する研究）で、ブルック・マクナマラらは様々な分野の傑出した成功例では、計画的な練習の寄与がずっと弱いことを発見した。「パフォーマンスの因子寄与率（その因子が全部の観測変数に対してどれくらいの寄与をしているかという指標）に関しては、計画的な練習の影響はゲーム（26％）と音楽（21％）、スポーツ（18％）では強く、教育（4％）と職業（1％

身長のように修正不可能な要因以外、一流スポーツ選手の生理的特徴の多くはトレーニングで作り出すことができる。エリクソンらは、子どもを1人選んで適切なトレーニングを受けさせれば、並外れた才能を作り出せることを示唆している。もちろん、この場合は子どもがトレーニング法に進んで従うことも要因の1つだ

未満で統計的に有意な差ではない）ではずっと弱かった。教育と職業への影響がこれほど小さい理由は何だろうか？　1つの可能性は、これらの分野では計画的な練習の定義があまりはっきりしていないことだ。また一部の研究では、研究前の参加者の専門知識の量（教養課程の履修や就職をする前の専門知識の量など）に差があり、そのため一定レベルのパフォーマンスに達するまでの計画的な練習の量にも差があった可能性がある」。

　これは、様々な点で1万時間の法則よりも現実と一致している。プロスポーツ、例えばサッカーで考えてみよう。プロのサッカー選手の中でも、世界に通用する「天才」レベルの選手の数はごくわずかだ。若いサッカー選手に指導付きで1万時間練習させれば天才を作り出せるというのなら、そんなに少ないはずはない。

優れた嗅覚を手に入れることはできるのか

　パトリック・ジュースキントは『香水　ある人殺しの物語』（池内紀訳、文藝春秋、2003年）という小説の中で、驚異的な嗅覚をもつ人間が存在するというアイデアを膨らませた。物語は18世紀のフランスから始まる。当時は都会の生活の悪臭を打ち消すために香水が広く使われていた。主人公のジャン・バチスト・グルヌイユは、貧しい環境に生まれたが驚くべき才能を備えていた。他の誰よりも嗅覚が優れていたのだ。落ち目の調香師との偶然の出会いの後、天職を見つけたグルヌイユは素晴らしい香水を作る。しかし、ある不思議な成分が欠けていることがわかっていたため、それを見つけようと旅を始め、陰惨な殺人まで犯すことになった。この小説では、いくつかの興味深い問題が追求されている。まず第一に、ほとんどの人の嗅覚は不正確で、どういう訳だか不完全だという考え方だ。嗅覚という感覚は、非常に生々しい形で感情と直接つながることがあるが、ほとんどのときは不思議なほどに鈍い。人類の能力は、完全な嗅覚の世界には遠く及ばないが、もしそんな世界が実在したら……というのは本当におもしろい発想だ。

　現実版のグルヌイユを詳しく紹介している作品がある。神経科医オリバー・サックスによって書かれた『妻を帽子とまちがえた男』（高

見幸郎・金沢泰子訳、早川書房、2009年）だ。そこに登場するのは、スティーブン・Dという、向精神薬を試していた22歳の医学生。スティーブンは鮮明な夢の中でイヌになり、想像もできないほど豊かで魅力的な匂いの世界に入り込んだ。そして目が覚めたときには、彼の体に驚くべき変化があった。色彩感覚が鋭くなった（以前は単に茶色だとしか思わなかった色でも、何十もの色合いがあることがわかった）だけでなく、嗅覚も劇的に鋭くなっていたのだ。「僕は香水店に入っていった。以前は鼻があまり利かなかったのに、そのときは1つ1つの香りを即座に嗅ぎ分けることができた。それぞれの香りはとてもユニークで、心が揺さぶられる、まったく新しい世界となっていた」。

　友人や両親を匂いだけで嗅ぎ分けることもできた。「病院に行ってイヌのように匂いを嗅ぐと、姿を見る前から、そこにいた20人の患者を識別できた。1人1人が独自の『臭相』、つまり匂いの顔をもっていて、それは目に見えるどんな顔よりも遥かに鮮明で心が揺さぶられる、思い出しやすいものだった」という。しかし残念ながら、この能力は3週間くらいしか続かなかった。スティーブンはこの失われた強烈な嗅覚の世界を時々懐かしく思うそうだ。

　スティーブンの事例は、潜在的な人間の嗅覚が、普段経験しているものよりずっと強力であることを示唆している。第2章で見たように、私たちは比較の仕方を間違えているせいで、人間の嗅覚を過小評価する傾向がある。しばしば人間をイヌと比べるが、嗅覚を使って環境を調べるという点で、イヌが人間とはまったく異なる世界に住んでいるのは明らかだ。スティーブンはしばらくの間、イヌのような嗅覚、すなわち人間には閉ざされた世界を経験した。彼の事例は、嗅上皮から匂いの意識体験が認識される場所までの間のどこかで、脳が何らかの方法で人間の嗅覚の世界を抑制していることを示している。私たちの中には、進化を通じて軽視されるようになったずっと強力な感覚が潜んでいる可能性があるのだ。第2章では、嗅覚がどのようにして性的魅力を媒介しているのかも紹介した。私たちは、恋人や配偶者を相手の匂いによって選んでいる部分があるが、自分ではそれをほとんど認識していないという考え方は、非常に興味深い。

人間の嗅覚は非常に強力だが、イヌとは異なっている。人間のニーズに合うよう進化してきたからだ。嗅覚は危険を感知して回避する手段だけでなく、飲食物を選んだり、楽しんだり、味わったりするための、この上なく敏感なツールとして役立っている。さらに、香りや香水を使って、気持ちを左右する雰囲気を作り出すこともできる

サックスは、頭部外傷によって嗅覚を失った男性の話も紹介している。嗅覚を失っても、視覚や聴覚を失うよりは日々の生活に影響は少ないと思うかもしれないが、実際に嗅覚を失うことは、私たちが思っている以上に非常に大きな損失だという。この男性は、嗅覚を失ったことによる劇的な影響に驚かされた。「なくして初めて気付いたが、匂いを感じないことは目が見えなくなるようなものだった。人生から、風味の多くが失われてしまうのだから。みんな匂いがどれほど『味』を形づくっているのかわかっていないんだ。私の世界はものすごくつまらないものになってしまった」。

数ヶ月後、彼はコーヒーの匂いが感じられるようになった。そこで、試しにパイプを吸ってみると、大好きだった香りが少しだけ感じられた。失った嗅覚が回復するかもしれないと興奮して医者の診察を受けたが、嗅覚は戻っていないと言われた。これは、嗅覚を失った代わりに嗅覚イメージが発達して匂いを嗅いでいるという感覚が生じ、本当に匂いを感じていると錯覚したからだったようだ。この嗅覚イメージについては少し後の章で紹介する。

初心者とプロのワインテイスターはどう違うのか？

ジョルディ・バレステルは、専門家がもつ理論的な知識はワインテイスティングに役立つが、その知識によって間違った期待を抱くことがあれば、一転して落とし穴になることもあると主張する。「専門家は、通常はテイスティング法に従っている。彼らはグラスからのシグナルを高める方法を知っているし、熱の影響や、液体と空気の交換面の影響もわかっている。自分の舌の感度分布図を把握して、PROP味覚感受性などを知っている可能性もある」

フランスのディジョンにあるブルゴーニュ大学のブドウ栽培学・ワイン醸造学研究所の研究者、ジョルディ・バレステルは、ワインの評価で専門家と初心者の意見が合わない理由について研究した。バレステルによると、「初心者は、基本的にボトムアップ処理を使っている、つまり、彼らには感情的に快いという判断の他には、テイスティングに関する情報がごくわずかしかないので、サンプルそのものから大部分の情報を得ている」。この「感情的に快いという判断」は、基本的に何かをどれくらい好きかどうかを決めることであり、まさに初心者や素人のワイン愛飲家がワインテイスティングで注目する情報だ。

それでは、専門家の能力が高いのは、主に認知能力が高められているからなのか、それとも知覚力が生まれつき、あるいは高めようと努力したために優れているからなのか。「感知（感受性）という点では、専門家が初心者よりも敏感にアルコールやタンニンを知覚す

るとは限らない」と、バレステルは言う。「彼らの嗅覚器が初心者よりも優れているわけではない。しかし最近、訓練によって感知のしきい値がわずかに低くなること、それが専門家にとってプラスに働いている可能性が高いことが明らかになった」。バレステルに言わせれば、「識別作業での専門家の能力は初心者よりわずかに高いが、とくに印象的というほどではない」そうだ。

「専門家が優れているのは、基本的には認知能力が高められているからだ。例えば、自分の知識に照らして、与えられたテイスティングと関係のありそうな属性に注目する能力などがそうだ」とバレステルは考える。

　心理学者のウェンディー・パーは「これまでの研究から、一般には（ワインを含む）多くの領域での『専門家』の能力に最も大きく寄与しているのは、知覚や記憶、意思決定および判断といった過程での経験による認知能力の変化であって、感受性の変化（すなわち、感知レベルで測定される感覚現象や識別能力）の影響は小さいと考えられている」と話す。パーは、ここでとくに重要なのは、分類に関する高次の認知プロセスと、ある分野に特化した知識の蓄積だと考えている。

　パーはソーヴィニヨン・ブランの知覚について研究し、専門家と初心者ではワインに対するアプローチ方法がまったく異なると主張する。「私たちは最近、認知能力に関する研究を行った。被験者に大きなA1の紙を渡し、また以前の研究でソーヴィニヨンを表現するのに使われた約70個の言葉を一語ずつ書き込んだ糊つきの付箋紙も用意した。被験者には、極めて典型的なソーヴィニヨンについて、この付箋紙を使って階層ツリー図を描いてもらった。被験者は一般消費者とワインの専門家の2群とし、座ったまま記憶だけを基に階層ツリー図を描くという実験を2回行った。2週後には、以前の実験で極めて典型的と評価されたソーヴィニヨンを3本用意し、テイスティングをしてから再びツリー図を描いてもらった。つまり、概念条件（記憶で図を描くこと）と知覚条件を比較したのだ。すると、おもしろい結果や違いが得られた。ソーヴィニヨンについて広がりのある図を描く人と、もっと直線的な図を描く人がいたのだ」。

　この2つの実験の背景には次のような考えがある。1つ目の「概

念」条件は、記憶と語学能力に関するトップダウンの認知プロセスに依存していて、2つ目の「知覚」条件は、ワインのテイスティングと分類課題が同時に行われるボトムアップの経験的プロセスである。またこの実験には3つの疑問が提示されていた。第一、専門家と初心者は同じ方法で同じ言葉を使うのか？　第二、専門知識は、概念条件と知覚条件の両方で再現性に影響するのか？　第三、2つの被験者群は、ソーヴィニョン・ブランの共通概念を示すか？

　実験の結果、専門家は典型的なニュージーランドのソーヴィニョン・ブランを、以前に行った自分の描写に従って分類するが、一方で初心者の記述はそれほど一貫していなかった。専門家にはニュージーランドのソーヴィニョン・ブランに関する基本的な認知概念が強くあり、よりはっきりした階層ツリー図を描いた。また、専門家同士の一貫性も高かった。こうした群内の高い一貫性は、ソーヴィニョン・ブランに関する知識が認知概念として共有されていることを示している。専門家と初心者は階層的記述のレベルが異なり、専門家の方がより強力な上位の分岐点（ノード）となる用語を使っていた。つまり、ソーヴィニョンの最上位レベルの用語は、重要性が高いと考えられる。この結果から、パーは専門家がワインの判定でトップダウン処理を利用しており、すべての専門家が共有する記述の原型が関わっていると結論づけた。一方、初心者の描写はボトムアップ処理によるものであり、ワインの味に基づいているようだった。バレステルは、理論的な知識がテイスティング中のボトムアップ処理に影響を及ぼすことは、あってはならないと強調している。

心的イメージの役割

　先に、匂いを想像することで「匂いの幻」を経験した無嗅覚症の男性を紹介した。ソフィ・テンペールらは、このタイプの心的イメージとワインテイスティングの関係を調べた。初心者とワイン醸造学の学部生（中級者）、ワインの専門家に、繰り返し匂いを想像して絵で表してもらった。このメンタルトレーニングの前後で嗅覚と感受性、識別能力を比較したところ、繰り返し匂いにさらされるのと同じように、匂いを繰り返し想像することで嗅覚の能力は強化され、匂いの

専門家 対 初心者

認知的方法を用いる：記憶＋
嗅覚表象、心的表象

匂いを感知し特定する
高い能力をもつ

時間はかかるが、ワインの香りを
認識する力は優れている

専門家

匂いを感知し特定する能力
をもつ

時間はかからないが、ワインの
香りを認識する力は低い

初心者

識別と感知が向上した。しかし、この能力が向上したのは専門家だけで、しかも一般的なものではなくトレーニングで想像した一部の匂いに対してだけだった。これにより、嗅覚の心的イメージがトレーニング方法として利用できることがわかった。

　ここまでは、ワインの知覚の個人差を理論的な側面から見てきた。では現実の世界ではどうだろう？　多数の消費者に対して感覚調査を行ってきた企業の経験は、個人差に関するこうした観察と一致している。ジェーン・ロービショードは、ワインに対する消費者の知覚をかなりの数、分析してきた。彼女は訓練を受けたワイン製造者で、知覚科学者でもある。カリフォルニア州のワイン醸造会社ベリンジャーで働いた後にアメリカ企業トラゴンに移った。トラゴンでは「製品最適化」と呼ばれる工程の一部で、定量的な消費者感覚調査を行い、「消費者の主導する」ワイン造りに役立つ実際的な情報をワインメーカーに提供する仕事を担当している。

消費者のワインの嗜好を知る

　トラゴンの「最適化段階」では、150〜200人あるいはそれ以上の「ターゲット」消費者を集める。「消費者にはそれぞれ異なるものを好きになるような、まったく違う回路が備わっている」と、ロービショードは言う。「コーヒーを例に挙げれば、力強くて濃く、豊かなものを好む人がいれば、標準的でコーヒーらしいものを好む人もいる」。ロービショードは、別々の「嗜好セグメント」、すなわち属性の特定の組み合わせに対して同じようなはっきりした好みを示す消費者グループを見つけることができると説明する。「集団の約30％は被験者としてふさわしくない」そうだ。これはPROP感受性の研究とよく一致するように見えるが、ロービショードはPROP味覚感受性をそれほど重要な基準とは思っていない。「ベリンジャーではちょっとしたPROP試験をしたものの、あまりうまくいかなかった。苦味をよく感じるかどうかとはまったく関係がなかったからだ」。ここでの問題は、苦味を引き起こす化合物には構造がまったく異なるものがたくさんあり、PROPはその1つにすぎないことだ。ロービショードによれば、約3分の1の人々はワインの苦味をまったく感じないようだ。

トラゴンでは一般市民を募集し、2日間の官能分析コースに参加してもらう。テイスターは目利きである必要はないが、集団の行動にうまく適応できる普通の消費者である必要がある。一般に、70％がコースを修了し30％が脱落する。訓練を受けたパネルの仕事は、検査されるワインを記述するのに使う記述言語を考えること

ウェズ・ピアソンはオーストラリアワイン研究所（AWRI）の上級知覚科学者で、個人差は非常に重要だと認めている。「私たちはその影響を最小限に抑える研究や、それを有利に利用するための研究を行っている」と言う。AWRIでは、感覚的な作業をする記述分析パネル（試験員の集団のこと）を外部に多く抱えているが、彼はこのパネルの個人差を最小限に抑えたいと考えている。「私たちは15人という大規模なパネルで研究を行っているので、個人の感受性も最終的にはうまく収まる。まず、パネルで実験を行う前にデータ収集を終わらせておく。このとき、それぞれのパネリストについて、まずサンプルを識別する能力、次にグループの平均値からの偏差、最後に、通常はすべてのサンプルについて3回テストするので、その再現性を測定する。それを見れば、パネリストたちに何がわかり、何がわからないか、誰が何に対して敏感かを知ることができる」。外部パネルに加えて、AWRIにはワインメーカーやワインショーの審査員からなる別の内部パネルもある。こちらの少人数のパネルは、商業用ワインの問題解決に使われる。「このパネルを何年も運営しているうちに、誰が何に対して敏感なのかわかってきた」と、ピアソンは言う。「そのため、特定の審査員がある種の痕跡や欠点があると言ったときには、その評価が信頼できるものだとわかる。彼らがそうした属性や特徴を、他のほとんどの審査員より敏感に感じ取れることを私は個人的に知っているからだ」。

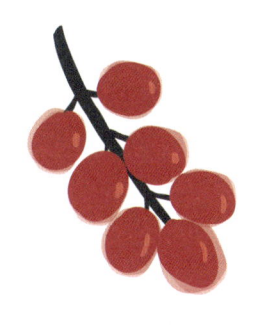

上質なワインについて学ぶ者にとって、こうした考察はワインについては「1つの真実」などないことを示している。上質なワインの品質のほとんどは、（たいていの人が到達できる領域の）経験と学習によって評価することしかできないが、一方では特異的無嗅覚症や無味覚症の存在から、最も根本的なレベルでは、同じワインがすべての人にとって同じに感じられることはないことがわかる。私たちは、確かに異なる味の世界に住んでいるのだ。最初はとてもとっつきにくかった風味を学習によって好きになることはできるが、状況によっては、スタイルやバランスに対する感覚的な判断が、生物学的な違いに影響を受けることもある。幅広い一般的な意見は一致するかもしれないが、こうした微妙な区別（ワインの評価では非常に重要なこと）では、意見が一致しないことがあるはずだ。

「最初にPROP試験をしたら、その後はもう繰り返さない。PROPの「スーパーテイスター」だけを探しているのではないからだ。通常は何か苦味を感じることができればそれで十分だ。とはいえ、その味がまったくわからなければ、記述分析パネルへの参加には注意が必要だろう」
ウェズ・ピアソン

味わったワインを
好きになるのはなぜか

　あらゆる感覚体験のなかで、人の嗜好が一番よくわかるのは食べ物や飲み物に関する体験だ。レストランによっては、数えきれないほどの料理とワインがメニューに並んでいる。これはお客のその日の気分に応えるためでもあるが、個人の好き嫌いも映し出す。とくに興味深いのは、飲食に関する嗜好が不変ではなく、時間とともに変化することだ。私たちは苦手だった風味でも、後に好きになる能力を備えている。こうした嗜好の変化はワインのテイスティングとも大いに関連がある。本章では、私たちの嗜好がどのように形成されるのかを見てみよう。

嗜好はどのように生まれるのか

　先日、ワイン関連記事の執筆のためにポルトガル北部を訪れたときのこと、ケイジョ・デ・セーラ・ダ・エストレラなる羊乳製のチーズを勧められた。硬い外皮の下は柔らかく、トロリとして強烈な匂いを放っていた。チーズは苦手だったが、我慢して試してみれば好きになれるのではないかと思いきって口にしてみた。そして今ではチーズが大好きである。匂いや刺激が強すぎるタイプはいまだに苦手だが、少なくとも奇抜なチーズを好きになれたのだ。その根底にあったのは、偏見を捨て、味覚を研ぎ澄まして味わうことでチーズを好きになり、さらに多種多様なチーズを味わってみようという、ごく単純な決意だ。

　この体験談は、苦手な食べ物でも好きになれる可能性が高いということを示している。一方、私はバター恐怖症でもある。料理に使う場合は抵抗がないが、パンに塗られた姿を見ると食べることができない（もちろん、いつかは好きになれると信じているが）。このことは、食べ物を嫌いになる理由はその風味に限らないということを示している。嗜好は先天的原因と後天的原因が混じり合った結果であり、時間の経過によって変化しうるものなのだ。

私たちはみな、生まれつき甘味を好む。人間が進化していく過程で、甘い果実はカロリー源として重要だったに違いないし、人間の乳も非常に甘い。そう考えると当然のことだ。うま味も、私たちには生まれつきなじみ深い。グルタミン酸由来の食欲をそそる味であり、タンパク質が含まれることを示す。新生児は、うま味を生む化学調味料の原料、グルタミン酸ナトリウムを一滴垂らした野菜スープを好むという研究結果が出ている。そして興味深いことに、母親の食生活が子どもの嗜好に後天的な影響を及ぼす可能性があるという。これは、胎児が母親の食事から低濃度ながら特定の成分に触れるためだ。生後6ヶ月以降になると塩気のある食べ物を好むようになり、成長するにしたがってどんどん好きになっていく。幼少期を過ぎるとさらに塩気を強く欲するようになり、体が必要とする量を超えるほどになる。

　一方、多くの人から苦味が嫌われるのは、苦い食材には有毒物質がよく含まれているからである。毒性の潜む可能性のある苦い食

成長とともに好みは変わる

一般に幼児は塩味と苦味、酸味を嫌うが、大人になると好きになる。味はとても影響を受けやすい。永続的に覚えている味には後　　天的に徐々に獲得したものもある

べ物を子どもが嫌うのは理にかなっているのだ。しかし成長すると、人から教えられたり自分で体験したりして、苦い、酸っぱい、あるいは泡立つ食べ物でも美味しい場合があることを学び、好きになれる。未知の味を好きになる能力は、新たな食材を知るきっかけとなるが、消化が可能かどうかもわからない物を探求することは、当然ながらリスクもともなう。

世の中には馴染みのない食べ物に挑むのをいとわない人がいれば、慣れない食べ物を拒絶する人もいる。私が子どものころ、おじがしばらく家に滞在したことがあった。おじの好みは極端に偏っていたため、たいてい私たち家族とは別に、肉とじゃがいもなどの茹で野菜の料理を用意していた。私たちは短期間とはいえ、そんな退屈な食事には到底耐えきれず、いつも通りの食事をした。このおじのように目新しい食べ物を嫌がる傾向は、精神医学で新奇性恐怖症と呼ばれ、遺伝する。成人の約4人に1人が、程度の差こそあれ、新奇性恐怖症である。

ワインを好きになることを学ぶ

初めてワインに興味を抱いたときのことを覚えている。ロンドンのウォリントン地区に住んでいた20代前半のころ、近所に「ザ・ワインハウス」という独立系ワイン商の店があった。初心者時代に飲んだ秀逸なワインのほとんどはここで購入したもので、なかでも私は数本のワインにすっかり魅了され、すぐにその風味を再び味わいたくなった。1本は西オーストラリア州にあるフォレストヒル・ヴィンヤード製の1985年産のシラーで、その風味には抗い難い魅力があった。とりわけ口当たりが非常にスムーズかつまろやかで、シルクを飲んでいるようだった。ところがそのワインはもう売られていなかったため、似た風味のワインを求めてザ・ワインハウスへ行った。「甘くて果実味があって、タンニンの感じられない赤ワインが欲しいのですが」こうたずねた私に返ってきた答えは、「フルーツジュースでも飲みたいのかね？」。今考えるとおかしな表現だが、それが、当時の私が感じ取った味わいだったのだ。

もう1本は、友人がディナーに持ってきてくれたフランス北部ローヌ

食べ物の選択は個人差が大きい。たいていのレストランが幅広いメニューを揃えているのはそのためだ。人は気分に合わせて様々な料理を楽しみたいものである。ではワインリストはどうかといえば、長々とあらゆるタイプが並んでいる。これにも理由がある。こと味に関しては、やはり気に入ったものを選びたくなるものなのだ

のクローズ・エルミタージュだ。鼻を突くような強烈な香りをもつ伝統スタイルのワインで、けものを思わせる風味だった。今の私であればすぐに、ブレッタノミセスが引き起こした現象だとわかる。この詐欺師のような微生物はワインの劣化原因になる一方、複雑さを加えてくれることもあるのだ。当時の私はこのワインをまったく好きになれなかった。

　もしも今同じワインに遭遇したら、以前と異なる印象をもつかもしれない。ブレッタノミセスの味は必ずしも好きにはなれないが、これが効果的に作用するワインもあり、私はそうしたワインを本能的に嫌っているわけではない。あれから無数のワインを飲んできた今、もしあのクローズ・エルミタージュを再び飲んだら、以前と同じ経験となるだろうか。それとも一転して好きになるのだろうか。前者だとしたら、かつて忌み嫌ったワインを今どうすれば好きになれるのだろうか。ここからさらに2つの疑問が浮かんでくる。私たちは、好みに左右されずに品質を判断できるだろうか。それとも好みは実際に知覚したものの一部なのだろうか。

風味の機能

　味覚に備わった最も重要な機能は、無害な食べ物を識別する機能だろう。もちろん匂いだけでも、有害なものを察知することはできる。さらに匂いには、その食材から美味しい料理ができるか否かを見きわめるという重要な機能も備わっている。実際私たちはしばしば食材の匂いを嗅いでいる。

　一方、味覚には食べる量を調節する能力もある。現代に暮らす人の多くは、難なく食べ物を購入したり、飽きるほど食べたりできる。もし摂取量の判断を誤って、わずかでも体が必要とする摂取量より少ない、あるいは多い量をずっと食べ続けたら、徐々に飢餓あるいは肥満に陥る危険がある。しかし実際は、ほとんどの人が適切な摂取量を保っている。私たちは味覚によって適切な食料へと導かれ、さらには味覚のおかげで摂取量を適量に抑えられるのである。実はこのことはワインテイスティングとも深く関わっている。

　人間の進化の過程において、食料を得るために初めて何かを口

にする際、視覚と嗅覚、記憶、そして感情、これら4つの結びつきが非常に重要だった。まず目で見て有毒かどうかを区別する。匂いを嗅いで口に含む。そして味わうときとその直後の印象を記憶する。その結果、もし体調不良を起こせば、これらの感覚が連携して、同じ経験を防ぐのに役立つはずだ。逆に味が美味しく体調に変化がなければ、何も問題なしというわけだ。では、とりたてて美味しくはないが病気にもならなかった場合はどうだろう。この種の食べ物をおいしいと感じられるようになれば、大きな恩恵となるはずだ。このように、常に私たちは後天的な味覚を好むように進化してきた。この理論はワインテイスティングにも大いに当てはまる。というのも、ワインの風味には、飲み慣れないうちは嫌悪感を覚えるものが多いのだ。しかし粘り強く飲み続けるうちに、愛飲するようになる。

　誰もが好む先天的な風味はえてして見下されがちだ。一方、人を強く引きつけ崇拝の的になるような風味はたいてい、最初は非常にとっつきにくく、何度も挑戦しなければならない。これはワインテイス

味覚は順応性がある

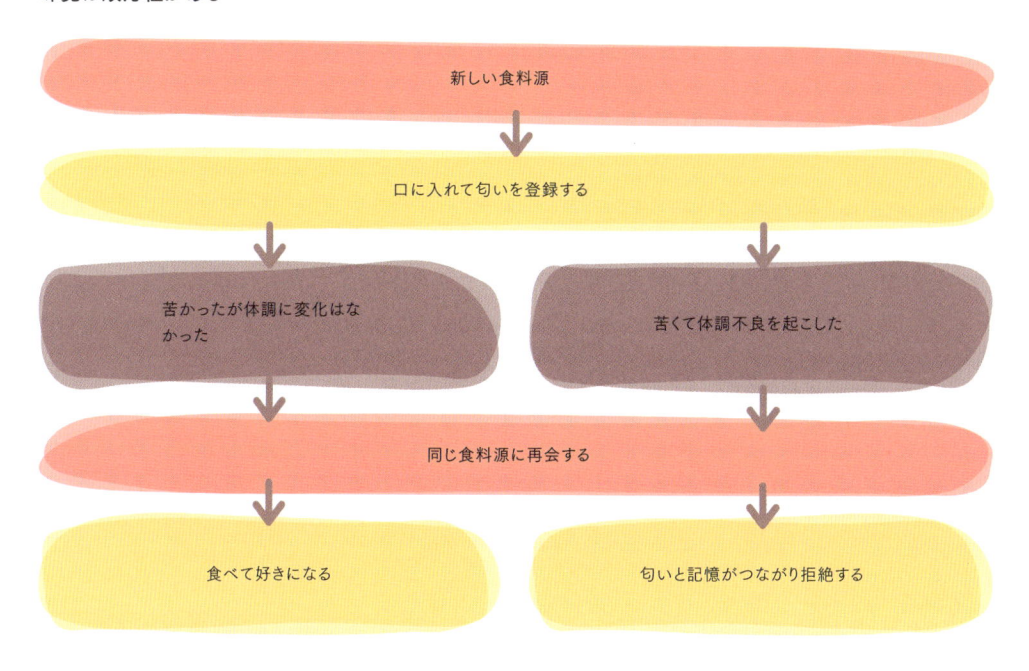

新しい食料源

口に入れて匂いを登録する

苦かったが体調に変化はなかった

苦くて体調不良を起こした

同じ食料源に再会する

食べて好きになる

匂いと記憶がつながり拒絶する

ティングにも当てはまるし、他のあらゆる風味の側面についても言える。あらゆる人に好まれると思われる「万人受けするワイン」はマニアからは嫌われ、ワインライターにとっては何とか誉め言葉を捻り出さなければならない悩みの種である。ここで後天的味覚と喜びについて疑問が浮かんでくる。たいていの人は初めて飲んだときからコーラの味をたいへん美味しいと感じる。しかしコーラに夢中になり、大金を払ってまで飲んだり、友人とその味について話し合ったりするような人はほとんどいない。

味覚獲得のプロセス

　風味の強いチーズやレギュラーコーヒー、クラフトビールなど、味を覚えるまでにやや時間を要する食べ物について考えてみよう。最初のうちはこうした味を好きになれないかもしれない。初めて試したときに不快な思いをしたために、二度と口にしようとしない人もいる。しかしひとたび味を覚えてしまえば、あらゆる風味の中でも最も長続きする味覚になりうるのだ。いわゆる銘醸ワインはこのカテゴリーに当てはまる。世界屈指の上質なワインを飲んでも、初心者にはそれがなぜそんなにもてはやされるのか不思議でならない。古いワインは、飲み手がいくらか経験を積んでからようやく本格的に理解し始めるような、複雑な風味を備えているためである。味を覚えにくい対象に出合ってこそ鑑識眼が養われるのだ。コーラのように、すぐに味覚を獲得できるような飲み物や食べ物に比べて、チーズやコーヒー、ビールそしてワインにはマニアックな愛好家が多い。

　私は、ロンドン大学哲学研究所内の感覚研究センター長を務めるバリー・スミス教授に、2人の人間による味の評価の違いと、個人の味覚について質問してみた。すると彼は言った。「一般の人は好みと味覚を区別していないのです。例えばあなたと私が同じワインを試飲して、あなたは好きになったけれど私は好きになれなかったとします。好みの観点からは当然の結果だと思うでしょう。けれども、2人が飲んだワインは同じものなのだから、本来、味覚の観点からはまったく同じ味がするはずなのです」。

　ここで、何か好きでないものを考えてみよう。アルコール飲料、例

えばビールを初めて飲んだときは好きになれない人は多いはずだ。けれどもいつの間にかそれを大好きになったとしたら、以前と同じ味がするのだろうか？　私は、味そのものはほぼまったく同じだろうと思う。スミスも同じ意見だった。

　さらにスミスはこう続ける。「私がワイン初心者だったころ、ローヌ地方のコンドリューを世界屈指の白ワインと評した記事を読んで、すぐ買いに走ったこともありました。ところが栓を抜いてみたところ、あまり好きになれませんでした。驚きましたよ。なぜこのワインが人気なのだろうと不思議だったし、がっかりしました。そこで自分より少しワインに詳しい人たちに、この話をしてみました。するとこんな返事が返ってきました。『アプリコットの種みたいな、あの苦い風味やオイリーさを気に入らないのかい？』。私はすぐに、確かにそんな味だったことを思い出しました。オイリーでコクがああって、苦いアプリコットのような特徴です。みんなの言うとおりでした。そして、あの記事と、知人たちのワインの表現、そして期待、そうしたものをすべて含めて、コンドリューを愛するようになったのです。今ではお気に入りの一本です」。

　スミスの身に起きた変化の説明を聞くと、コンドリューに期待すべきことという新しい情報が、再び飲むときに彼の注意を促したことがわかる。スミスはこの経験をこう分析してくれた。

　「自分はあのワインが好きだったのでしょうか？　答えはノーです。その後で、あのアプリコットの風味とかすかな苦味、官能的なオイリー感を気にかけるようになりました。今ではああした要素があることがわかっているし、それぞれがどういうもので、なぜ一体化して振る舞うのか、ある程度は理解できています。コンドリューというワインに関する経験はすっかり変わりました。それらを踏まえたうえで、あのワインが以前と同じ味かと聞かれれば、答えはイエスです。でも味わい方は変わりました。あの時、知人の言葉が私の注意を違う方向へ向けてくれたからです」。

　スミスはさらに、好みと知覚を切り離すことの重要性を強調する。「好き嫌いは置いておいて、味だけについて考えることは不可能だという意見もあります。テイスティングと好みは同一だという考えです。けれどもエドモンド・ロールズの研究によれば（スミスは元オッ

ギリシャの哲学者ヘラクレイトスは、人は同じ川に二度入ることはできないと言った。二度目に入るときの川は最初とは違っている。また人間自身も、最初に川に入った経験によってわずかに変化しているからである。味を覚えることを説明するには、常にこの考えを念頭に置く必要がある

クスフォード大学そして現在ウォーリック大学に勤務する心理学者エドモンド・ロールズ教授の脳イメージングの研究に言及している）、脳は好みと味を切り離して処理しているようです。知覚に関わるのは脳の島皮質や内部島皮質や眼窩前頭皮質で、好みには側坐核（前側にある神経細胞の集まり。快楽中枢とされる）が関わるそうです。さらにロールズ教授は感覚特異的満腹感についても調べました。例えばあなたにチョコレートをあげて、あなたはそれを気に入るとしましょう。もう1つあげると、やっぱりあなたは美味しく食べます。やがて『もうこれ以上は要らない』と言うのですが、私は研究を続けなければならないと答えます。するとあなたは嫌な気持ちになります。けれども違うメーカーのチョコレートをあげると、あなたは違いに気づきます。つまり、好きが嫌いに変わったものの、あなたは風味を識別し続けているのです。これは実にすばらしい結果です。たとえ好き嫌いが変わってもなお、脳は風味を識別し続けることを示しているのです」。

人の興味をそそる「不協和音」

　スミスは、ロールズが脳科学者のファビアン・グラベンホルストと共同発表した香りの識別に関する論文に触れている。天然のジャスミンの香りと合成したジャスミンの香りに対する被験者の反応を比較した研究だ。合成ジャスミン香は本物より安価で、主要な揮発性分子をごくわずか含む。「（合成ジャスミン香は）脳が、これはジャスミンだ、と十分判断できるくらいの代物です」とスミスは言う。「もし被験者に合成ジャスミン香と天然の香りを嗅いでもらったら、識別できると思いますか？　それができないんですよ。同じ匂いがするんです。そこで、あえてどちらか好きなほうを選んでもらいました。すると、どちらも同じと答えたんです。それでもと無理を言うと、天然のジャスミン香の方を選びました。なぜかというと、天然ジャスミン香にはインドールが2パーセント含まれているからなんです」。化学物質であるインドール自体は悪臭を放ち、2パーセントでも十分に嫌悪感をもよおすほどだ。すなわち脳は好ましい香りと悪臭の混じった匂いを識別処理していることになる。「ところが2パーセントほどだ

と、他の香りへの興味を呼び起こす効果があるようです。つまり対比効果が現れるんですよ」スミスはこう説明する。「嗅覚系に、心理学でいういわゆる断崖的な影響がもたらされたわけです。つまり、ある状態から突然、別の状態へ変化したため、快適な状態への意識が急に強まったのです。少し不快な要素と快適な要素が同時に存在すると、興味をかきたてるのだと思います」。スミスはさらにこの理論をワインに当てはめて語る。「うまく作られていて、口当たりがなめらかでまったく隙のないワインというのはえてして退屈で、何かしらやや型破りな要素が欲しくなるものです。対比的な要素のあるワインを口にすると、人は興味をそそられます」。

嗅覚は変化を知らせる警報装置

この点についてスミスは、嗅覚は視覚とは本質的に異なるからではいかと考え、こう問いかけている。

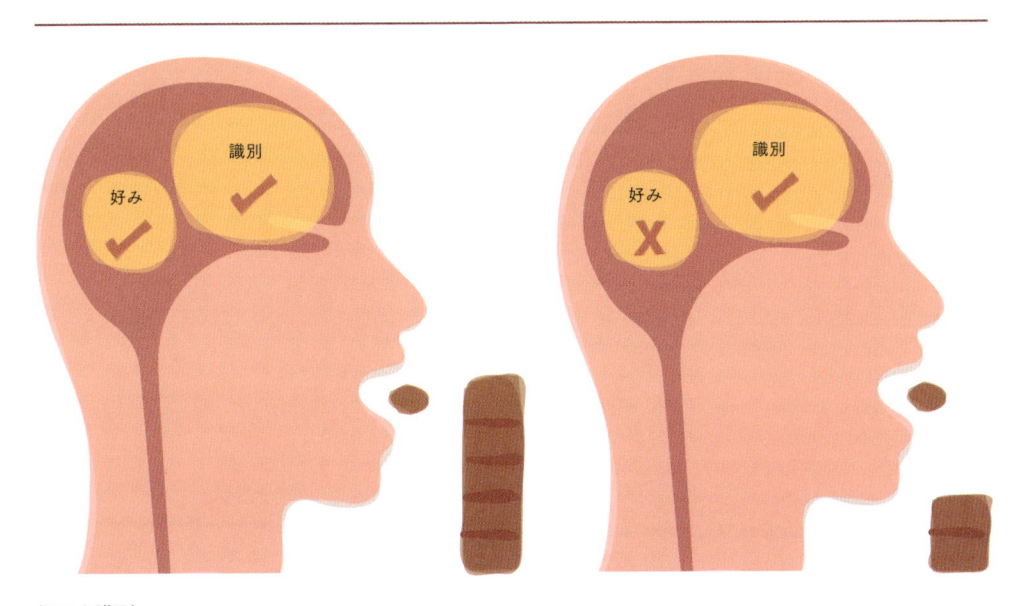

好みと識別

脳は、好みと識別とを区別して処理する。好みが変わっても風味を識別し続ける。大量のチョコレートを食べたあかつきには、もうひとかけらも食べたくなくなるが、その状態でも風味を容易に識別できる

「嗅覚は何のために存在するのでしょうか？　いち早く変化に気づくためです。人は視覚を使って連続する場面を知覚し続けます。視覚の重要な役割は、常に外の世界を見せてくれることです。一方、嗅覚は、とくに変化がなければその機能は止まっているように思われます。自分の家の匂いに気づかないのはそのためです。けれども、ふいにゴミや煙の匂いを嗅ぐと、嗅覚は働き出します。つまり嗅覚とは、『普段は何も変わらないように保っておいて、もし何か起こったら知らせて欲しい』というような感覚なのです。大量のワインを飲んでいても、別のものをグラスに注がれたら気づくという説は本当だと思います」。

匂いの感じ方は時間とともに変化する。匂いには、単純接触効果と呼ばれるたいへん興味深い現象がある。これは、ある対象に繰り返し接触しているうちに好感度が増していくというもので、好みを獲得するうえで重要視されている。人間関係も単純接触効果の一例といえる。同じ人に何度も会っていると、好感度が高まっていくものだ。

匂いの単純接触効果についての研究は、完全に未知の匂いを見つけるのが難しいため極めて困難だ。しかし、「慣れ親しんでいる匂いだから好むのか？」というテーマの実験は可能である。精神生理学者のシルビアン・デルプランクらが、この分野で実に興味深い研究を2015年に行っている。被験者に数種類の匂いを嗅いで、匂いごとの快適度と強さ、そして親近性を評価してもらったところ、当たり障りがなく穏やかな心地よさをもつ匂いの快適度が高かった。こうした匂いには単純接触効果が働いた。ところが不快な匂いと非常に心地よい匂いについては、嗅いでもらう回数による影響はなかった。極端によい匂いと悪い匂いに関しては単純接触効果は働かないようだ。この結果について1つ説明すると、すでにとても心地よいと思っている匂いは、繰り返し嗅いでもそれ以上は好きになれない。そして悪臭は生まれつき不快と感じるようになっているため、何度嗅ごうと嫌なままなのである。不快を感じる感覚は生きていくためには欠かせない。もし排泄物の匂いを好むようになろうものなら、とんでもない事態になるだろう。

匂いの単純接触効果については心理学者のジョン・プレスコッ

スミスは、ワイン製造者がしばしば別種のブドウのワインをごく少量ブレンドする理由について問いかけている。「カベルネフランでもプチヴェルドーでも、5パーセント加えることでどんな違いが生じるのでしょうか。もし味覚が高度に発達して、100％のカベルネ・ソーヴィニヨンを識別できるとしたら、100％のカベルネ・ソーヴィニヨンを飲んでも『だから？』となるでしょう。けれどもその中に少し違う要素を認識すると、がぜん興味をそそられるはずです。嗅覚系が、何かおもしろそうなものがある、と訴えてくるからです。このような現象が、他品種を数パーセント混ぜる理由を解くヒントになります」

トらも興味深い研究を行っており、この研究にはワインテイスティングと非常に強い関連性が見られる。プレスコットらは、単純接触効果においては、注意が重要な要素であるという仮説を立てた。匂いを識別する実験では、ターゲットとなる匂いとターゲットとならない匂いを使った。前者は、被験者の注意を引きつける匂いで、後者は被験者の注意を引きつけない匂いだ。匂いの違いはそれだけで、被験者がすべての匂いを一様に嗅いだところ、ターゲットの匂いに対してだけ、好意度が増加したのだ。プレスコットらは、好意的な注目は接触効果の重要な決定要因となりうると結論づけた。では、この研究結果はワインにどう応用できるだろう？　単純接触効果の結果、特定の匂いを好むようになるのはその匂いに注意を向けた場合だけだとすると、ワイン専門家が香りを分析する際のように、特定の香りをワインの中に探し求めれば、その香りへの好意度が増すということになる。つまり、積極的に探し求めた香りに対してだけ好意度が上がることになる。こうして考えると、ワインに関する用語を身につけることの重要性が裏付けられる。特定の香りなど考えることなくワインを飲む人にとっては、おそらく単純接触効果は何の影響ももたらさないだろう。

連合学習

　ここでもう1つ、ワインにも当てはまりそうな興味深い心理学の概念「連合学習」を紹介しよう。あるできごとが、経験を通じて別の行動と結び付けられるという現象だ。連合学習は私たちの生活において重要な役割を担っている。特定の匂いに対する好意は、ある程度まで、その匂いと、その匂いに初めて接したときの情動的状況とのあいだに生じた関連付け学習の結果である。特定の感情と特定の匂いが結びつくと、その後はその匂いを嗅いだだけでも、匂いに初めて接したときの感情が呼び起こされるのだ。

　学習は風味の知覚にとって重要である。第1章で述べたように、私たちは甘味を、対応する匂いと関連付けてとらえていて、「甘味」を嗅ぐことができないにもかかわらず、イチゴの匂いといえば甘い匂いとみなす。このような味と匂いの連合学習だけでなく、匂い同士

状況によっては快適にも不快にも感じられる、生きるうえで重要な匂いが1つある。それは煙だ。私たちは煙にとても敏感だが、森で嗅いだ場合と洞窟で嗅いだ場合とでは大違いだ。森の中なら火災発生の知らせ。ただちに避難を促す警告の印となる。洞窟の中なら暖かい場所で料理をしている知らせであり、煙の発生源へ誘う

の連合学習も存在する。2種類の匂いを交互に繰り返して嗅いだときに起こり、1つの匂いがもう1つの匂いを帯びるようになる。この学習プロセスは、基本的な食習慣の異なる文化圏ごとに違っていて、したがって関連付け学習も、味と匂いの場合でも、匂い同士でもやはり異なる。こうした形の学習はワインを味わう際に重要な役割を果たすと思われる。特定の香りや味が、多種多様なワインの風味の中に同時に存在するからだ。

第3章では神経経済学の分野でよく知られる研究論文について紹介した。あるワインに関する特定情報を被験者に提供した場合、ワインを味わうときの知覚が変わり、またどのように美味しいと感じるかを磁気共鳴機能画像法（fMRI）を利用して調べた。ワインの価格について、実際と異なる情報を与えると、同一のワインを飲んでいても脳の反応が違っていた。高額ワインを飲んでいると思い込んでいるとき、被験者の脳内の美味しいという喜びを感じる部位は、より活発な反応を見せたのだ。価格が影響を与えたのは知覚品質だけでなく、知覚体験の性質を変えることによって、実際のワインの品質にまで影響をもたらしたように思われた。この結果から、ワインに寄せる期待度によって、ワインを飲む体験の本質が変わるということがわかった。

2003年、嗅覚心理学者のクリステル・クレアらは、匂いの知覚と、その匂いの分類とを結びつける文化的要素の及ぼす影響を研究した。フランス人、ベトナム人、アメリカ人の被験者が、日常的に嗅ぐいくつかの匂い物質について、どのように嗅いでいるかという点から評価し、それらの類似性に基づいて分類をした。この3ヵ国のグループは匂いを、「フローラル、甘い、不快、ナチュラル」という4グループに割り振って区別した。また、「快適性、可食性、化粧品としての受容可能性」という3項目に賛成を示した。2度目の実験では果物と花の香りだけを区別し、より細かいレベルで一致する点があるかどうかを検討した。フランスとアメリカの参加者は果物と花の香りとを区別したが、ベトナム人グループにはこの区別方法は存在しなかった。この違いは、匂いの知覚方法における文化的差異から生じたのだろう。

あらゆる文化圏では、匂いと感情には密接な関係があると考え

歯科医院で使われる消毒薬、ユージノール（一般名はオイゲノール）は連合学習の一例としてよくあげられる。ある研究によると、オイゲノールは歯科を恐れる人々の恐怖感を誘発したが、怖がらない人々には何の影響もなかったという。この結果はワインの好みにも当てはまるだろう。私たちが初めてワインと出合ったのは休暇中あるいはワイナリーを訪れたときかもしれない。そのとき飲んだワインの風味が非常に際立っていれば、連合学習の結果として、私たちは繰り返しその香りに引きつけられる可能性がある

られている。よい匂いは人を心地よい気分にさせるし、臭い匂いは不快な気分を誘発する。匂いには、感情刺激に対する思考や振る舞い方に類似する効果があるのだ。また、心拍数や発汗量などの生理的パラメータにも変化を起こすことがある。さらには、長年忘れていた記憶を呼び覚ます効果まであるのだ。2009年、匂いに喚起された感情効果を表現するために使う言葉を分類した研究で、匂いに誘発された感情や経験は、6つの小さなグループを基準にして構成されていることがわかった。各グループの特徴は、「健康、社会的交流、危険防止、覚醒感覚またはリラクセーション感覚、そして感情的記憶の意識的想起」という、嗅覚の役割を示している。

ワインテイスティングの技術は幻想なのか?

　メディアは、ワイン業界はワインを味わう経験を何かと粉飾しようとする人々によって巧みに仕組まれた世界だという考えを好む。業界と無縁の人々は、ワインの専門家が安物ワインと高額ワインを識別できないとわかると、ここぞとばかりにおもしろがるものだ。

　ここで、第1章でも紹介したフレデリック・ブロシェの実験を振り返ってみよう。ワイン専門家に白ワインを飲んでもらった数週間後に、前回と同じ白ワインを赤く着色したものを飲んでもらうという実験だった。すると、色は異なっていても同じ匂いがするはずのワインに対して、彼らはまったく異なる評価をしたのだ。

　マスター・ソムリエやマスター・オブ・ワインの試験のような難解なブラインドテイスティングに挑むほどの人であれば、自分のテイスティング知識に自信をもっているに違いない。こうした試験に合格する人々の妙技を見ると、非常にハイレベルのテイスターになるのも不可能ではないと思われる。とすると、先ほど触れたような、これとは逆の結果を示す研究は何を意味するのだろうか。

　まず、私も含めたワインのプロは、謙虚な姿勢を見せる必要があると思う。しかし、お粗末な結果を出すテイスターが多いからといって、テイスティング全体が根本的に疑問視されるのもおかしいのではないだろうか。ブラインドテイスティング技術の存在を裏付けるには、どんな状況でも正確にワインをテイスティングできる人がほんの

1998年、日本人とドイツ人を被験者として匂いの分類に着目した研究が行われた。「日本的」、「ヨーロッパ的」、「国際的」な匂いをそれぞれ6つずつ嗅ぎ、「強さ、親近性、快適性、可食性」を評価してもらった。さらに、これらの匂いにまつわる思い出を書き、匂いに名称を付けてもらった。するとあらゆる点についてグループ間では著しい差異が見られたが、グループ内ではかなり一貫性があった

数人、いや実際は1人でもいれば十分だ。彼らのパフォーマンスがテイスティングのプロセス全体の正当性を立証してくれるのだから。考えてみてほしい。オーガスタ・ナショナルゴルフ場で初心者が下手なプレイをしたからといって、誰もゴルフというスポーツ自体を侮蔑したりしないだろう。

　例えばワインショップで、あるカップルが当たり年の上質なボルドーワインを1本選んだとする。店を出る前に、購入したワインと、それよりずっと安価なワインをブラインドテイスティングさせてもらうが、彼らには違いがわからない。それでもなお彼らは高価なワインを購入する。はたして彼らは無駄遣いをしたことになるのだろうか。私はそうは思わない。2つのワインに違いというものが存在し、その違いを識別できる専門家がいる限り、飲み手は疑うことなくそのワインを購入する。やがて彼らも味覚を発達させて、自分自身で違いを識別できるようになるかもしれない。さしあたって彼らが購入したのは信頼のおける純正品なのだ。あるワインが他よりも上質であると決定づける要因が何であり、誰が上質なワインの定義を決めるのかということについて議論してもいいのだが、とりあえずは、ワインの専門知識が幻想などではないと言っても差し支えないだろう。たとえそれが複雑かつ難解で、常に正解を出せるテイスターがごくわずかしか存在しないとしてもだ。

　ここで、ワインの美学の話題に触れておきたい。市場には数多くの非常に優れたワインがあふれている。1つのワインが他より優れているなどと誰にも言えない。それを決めるのは市場である。ワインの価格帯は実に幅広い。そして専門家たちはたいてい、優れたワインがあれば劣るワインもあるということで意見が一致している。ワインの美学についての研究が関心を呼ぶのはこうした理由のためだが、長年、ワインを飲むことには美的な体験という地位が許されてこなかった。18世紀後半、ドイツの大哲学者イマヌエル・カントは、ワインの喜びは個人的で特異なものに過ぎず、優劣の判断は個人的な嗜好の上にのみ成り立つと述べた。

　ウエスタン・ミシガン大学で哲学を教えるジョン・ディルワース教授がこの話題に触れている。ディルワースは、ワイン体験を「想像的」なものと「分析的」なものに分けて比較した。たいていの人は、ワイ

数年前、統計学者かつカリフォルニアの小さなワイナリー、フィールドブルックの経営者ロバート・ホジソンは、カリフォルニア州で行われたワインショーの結果を分析した。様々なワインショーで自分のワインが成功を収めたことに驚いたホジソンは、ショーの運営者を説得して、4年分の審査データを分析させてもらった。すると、審査結果はほとんど偶然で、審査員の大半がほぼでたらめに評価していたという手厳しい結論が出た

ンを味わうことは、専門家がワインのもつ様々な官能的品質を注意深く識別する、分析的な行動だと考える。ディルワースはこの準科学的アプローチには深刻な欠陥があると考え、ワインを味わうには、分析的体験だけでなく、想像的な体験も必要だと訴え続けている。ワインを味わうことは芸術鑑賞と異なり非常に個人差の大きな即興性を伴うというのだ。

そもそも人間の感覚能力が発達したのは、生き延びる助けとなるからだった。ディルワースによれば、ワインテイスティングは、こうした機能を閉じ込め、喜びを追い求める行為だという。

ディルワースはここで芸術を用いて説明している。芸術によって得られる意義は、文字通りの現実ではなく、想像的あるいは表象的なものだ。迫力ある音楽を聴いたときの体験を、聴こえる音の構成を感知することと混同するのは誤っているだろう。同様に、私たちはカンディンスキーやキュビズム時代のピカソなどの抽象絵画をどのように理解しているのだろうか。ディルワースは、視覚的内容、すなわち様々な形状や線や色彩の描写を文字通り説明しても、理解の助けにならないと指摘する。視覚によって絵画の特徴を感知しても絵画の意義を解明することはできないのだ。しかしこれこそ私たちがワインに対して行っていることである。「まさにこの種の全体的な混同、つまり実験的な観点で感じ取った特性を徹底的に正確に描写することが、ワインをめぐる議論で優勢な正統派の見解を構成しているのだ」。

ワインと想像力

一般に、ワインテイスティングでは2つのプロセスが行われると考えられている。最初は分析して、実際に何が存在するのかを感じ取る。次に、存在する要因を解釈して、その知覚を平均化する、というものだ。ディルワースはこれが誤っていると指摘する。ワインテイスティングとは、想像的な単一の経験であり、そこにはあらゆる味と香り、それらを味わう楽しみが含まれる、というのが彼の主張だ。

ただし、ワインを味わうことを芸術鑑賞と比較してはいけない。ディルワースによれば、即興劇になぞらえるとわかりやすい。ワインは一

カントによれば、ワインは体に入るので、私たちは無関心ではいられない。カントは、無関心性は美的経験に不可欠な特徴であると考える。したがって、味覚と嗅覚を客観的というより主観的なものととらえ、「これらから得られる理性は、外的対象の認識というより、愉悦の表れである」と語った

人一人に感覚的なテーマを与え、私たちはそのテーマに沿って即興芸術を演じるようなものだ。ワインに含まれるアルコールには、私たちを解放して思いのままに演じさせる効果がある。

　ディルワースの主張には、ワインの品質に対する絶対的な概念を排除するべきだという意見も暗示されている。ワインの好みは人によって異なるものなので、大量生産される果実味の強いワインを好む人もいるのだ。もし私たちが、ワインを個人的な即興劇の素材と考えるのであれば、この問題は消える。この点についてディルワースは「批評家の気に入らないワインをこっそり愛好しているという人は、自分の味覚に罪悪感を覚える必要などない」と訴えている。哲学者のダグラス・バーナムとオーレ・マルティン・シーレアスは共著作『The Aesthetics of Wine（ワインの美学）』（2012年、未邦訳）の中で、このテーマについて深く考察している。ワインを味わうことは、絵画鑑賞や音楽鑑賞に似た美的活動だというのが彼らの主張だ。一般の人の間では異論はほとんどないようだが、学界では論争の的となっている。美的に鑑賞される対象は一般に視覚芸術（絵画やダンスなど）、聴覚芸術（音楽）、そして言語芸術（詩や文学）のいずれかに分類される。このカテゴリーからは触覚、嗅覚、そして味覚が外されている。従来、こうした近位感覚（ある対象を使うために何らかの方法でその対象に接触する必要がある）は、美的対象とするには主観的過ぎるとされてきた。美学とは、一定の距離を保って使われる感覚に限定されているのだ。バーナムとシーレアスは、このような近位感覚と調和する芸術カテゴリーがないのはなぜかと疑問を投げかけている。

　ワインテイスティングが美的たりえるのは、ワインから知覚したあらゆるもの、すなわち学んだ内容、身につけた技術、そして風味を語る言語をすべて考慮に入れることによって、美的な修練という意味でとらえた場合に限られる。ワインテイスティングは間主観的（複数の主観の間で同意が成り立つ認識）な感覚において美的なのである。私たちは互いに感覚印象を比較し合うことによって、ワインの評価を下すのであり、個々のテイスターたちが一人きりで判断するわけではない。

ワインを想像的に味わううえでアルコールは1つの役割を果たす。つまりしらふの感覚体験を解放し、飲み手の認知体系をより暗示にかかりやすくして、広範囲の認知的探検を可能にする

能力という概念

　この議論を進めるために、バーナムとシーレアスは「能力」という言葉に助けを借りている。この場合、「能力」とは、美的対象を鑑賞する際に使う知識と経験を意味する。

　能力は「文化的能力」、「実用的能力」、「美的能力」に分類できる。「文化的能力」は概念的な性質であり、いわばワインの種類とスタイルに関する知識を意味する。「実用的能力」とは、ワインを味わう能力である。つまりグラスの中にあるものを感知し、分析し、識別する能力である。経験によって発達するのはこうした感覚能力だ。バーナムとシーレアスは、これらはすべて、間主観的に学ぶ環境で起こる、という重要な点を強調している。それはテイスティングの方法と条件かもしれないし、複数のワインを飲む場合の飲む順序やテーブルに運んだときの温度かもしれない。こうしたことはワインの評価力を鍛える助けとなる。実用的能力には、多種多様なスタイルのワインを経験も含まれる。ワインを描写するのに適した言語を発達させることも、ワインの特徴を見きわめるためには不可欠だ。私たちは、いろいろな人と一緒にワインを味わい語彙を育んでいくことによっても、ワインを学んでいくのだ。3つめの能力は「美的能力」あるいは「創発的知覚」である。「バランスがいい」、「エレガント」、「調和した」、「複雑な」、あるいは「深遠な」などテイスティングに使われる世界共通の表現用語は、ワインの様々な官能特性（味、香り、色など感覚によって区別される性質）が結びついたものとしてのみ存在する、ワインの属性を表していて、ワインの構成要素に単純化できない。つまり、それら自体が美的評価に基づいているのである。バーナムとシーレアスは「美的評価は、その場ですぐに心に浮かんだもの、つまりただ一度きりの判断から出現した属性を基盤としており、客観的に描写可能で一般的に望ましい要素の有無に根差しているのではない」と語っている。

　つまり美的評価は、匂いや風味を、創発特性の属性へと変える能力を意味する。これを効果的に行うには周囲の人々の存在が欠かせない。まわりの人から学び、導いてもらう必要があるのだ。美的

一般に美学とは芸術家の意志から展開する。バーナムとシーレアスは美しい風景を例に引いてこの説に反論しており、ある対象の美しさを認める際に、芸術作品扱いする必要はないと主張している。彼らにとって美学とは、ある知覚者グループの反応を指すのだ

評価の才能は間主観的に獲得される。創発特性はワインから感じ取った属性を基盤としているが、そうした属性を感知して味わう能力は、学び取るしかない。ワインテイスティングの美的評価力を鍛えるには、幅広く類似した味覚と一連の同じ能力を備えた、「判断コミュニティ」が必要なのだ。

　ワインの美的評価とは、その評価が標準であると主張するものだ。例えばもし私があるワインを複雑でバランスが取れていると感じれば、他の人も同様に感じ取ってくれることを期待する。バーナムとシーレアスは、美的評価の着目点を、個々の知覚者から、判断コミュニティへと移行させることを提案している。私たちが知っている銘醸ワインとは、美的評価が体系化された姿なのだ。

「ワインワールド」の影響

もしも個々のテイスターたちが、ワインテイスターたちで構成された

ワイン能力の発達

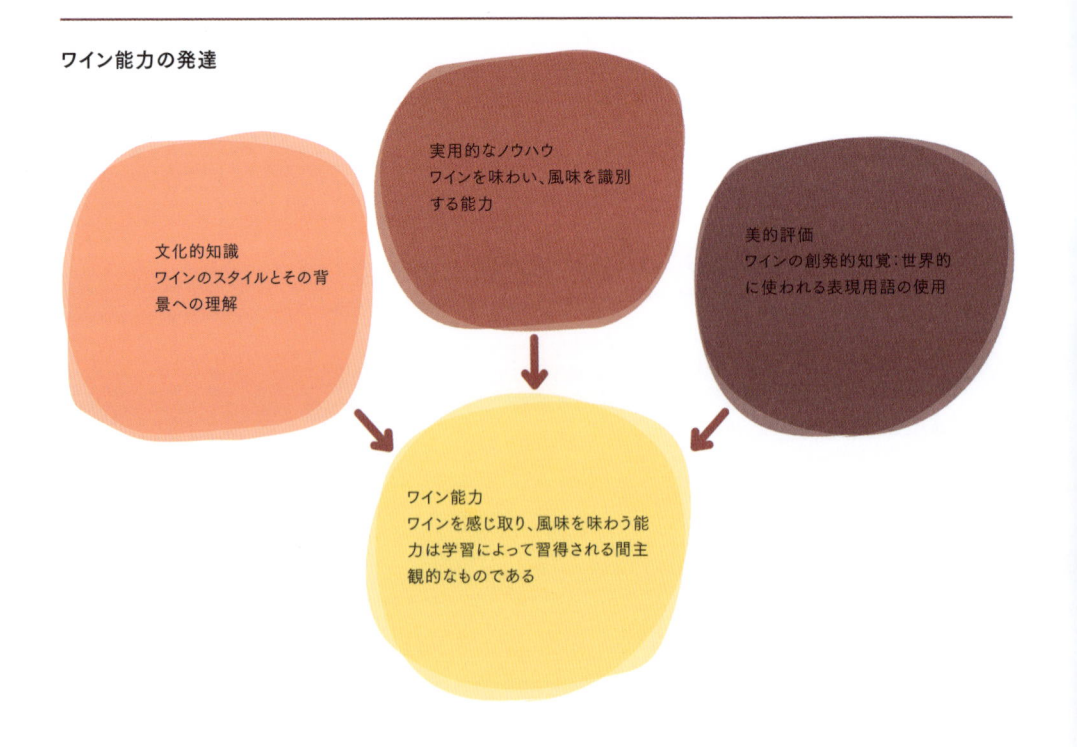

実用的なノウハウ
ワインを味わい、風味を識別する能力

文化的知識
ワインのスタイルとその背景への理解

美的評価
ワインの創発的知覚：世界的に使われる表現用語の使用

ワイン能力
ワインを感じ取り、風味を味わう能力は学習によって習得される間主観的なものである

間主観的なコミュニティというものに属したら、銘醸ワインは美的評価の体系化された姿となるだろう。これについてシーレアスは次のように述べている。

「私たちは、ワインとは単に存在するのでなく、私たちが何か行動を起こす対象ととらえている。ワインテイスター、生産者、ジャーナリスト、そして輸入業者などによって、いわゆる"ワインワールド"（美術批評家アーサー・ダントーが1964年に著したエッセイ『アートワールド』〔西村清和編・監訳、頸草書房、2015年〕を直接かつ間接的にもじった名称だ）なるものが形成されている。私たちにとって、例えばテイスティングの進歩や日ごろ使うワイングラスの質の向上はごく自然なことだ。しかしこれらもやはり他者から獲得したものであり、テイスティングの用語やワインに関して設けた基準は言うまでもない。ワインとは、ワイン美学を標榜する批評家たちが守ってきたような、諸部分なき対象などではない。ワインは、部分的にワインのコミュニティ、つまりワインワールドによって構築された対象である。ここで述べた進歩とは、ある意味でワインが、私たちが語ることのできる対象となったことである」。

シーレアスは、ワインの品質評価を、対象としてのワインの扱われ方と完全に切り離すことはできないとしている。「私たちは意識的あるいは無意識的に、他者から味わい方を学び、他者とワインについて話した結果、ワインを評価している。これを誘導知覚と呼んでいるが、拡大して、誘導評価と呼んでもいいだろう。ワイン評価の規範は、この誘導知覚と誘導評価に基づいていると考える。私たちは、いわばワインワールドの一員であり、ワールドを代表してワインを評価している。とはいえ当然、私たちには注目を浴びて自分たちの独立性を主張したいという欲求があり、ときには危険をおかしてみたくもなるかもしれない。しかし、ワインに望まれる属性を構築する要素に対する共通規範がなければ、何の意味もない」。

ではワインテイスター自身の個性はどうだろうか。ワイン体験に影響をもたらすのだろうか。かなり深く影響する、と私は考える。なぜなら人は、自分を取り巻く世界を物語の観点から理解するからだ。人には内なる物語がある。それはまわりの世界の動きに関する一連の物語であり、私たちはこの物語というレンズを通して現実を解釈す

る。体験をフィルターにかけ、自分だけの内なる物語の枠に当てはめることによって、それぞれ独自の視点で世界を見ている。自分の世界観はある程度まで友人や家族と共有できるが、多くはごく個人的なものである。

美的秩序とワイン品質

美的秩序はワインとどのように関連するのだろうか？　私たちはワインを自分自身の物語の観点に基づいて解釈し、理解する。ワインの評価は美味しいか否かがすべてではない。例えば「偉大な」あるいは「銘醸」ワインと評価するのはどんな場合だろうか？　ワインの品質評価は美的秩序の枠内でしか存在しえない。美的秩序とは、ワインに好ましい特色があるという認識に基づいて築かれた物語であり、またそのワインがどこでどのように造られたのかという情報とも関連する。

ワインの世界では、異なる物語や美的秩序は、ある程度は重複するが、それでもやはり違いは大きい。こうした物語同士がぶつかると論争が起こる。例えばどんな物語があるのだろうか？

1つ目は、偉大なワインを生むボルドー、ブルゴーニュ、シャンパーニュという名産地にまつわる正統派の銘醸ワインの物語。2つ目は、アメリカの著名なワイン批評家ロバート・パーカーの物語。彼の物語ではイギリスの高級ワイン商は自己満足の輩とみなされ、イギリス人のワイン・ライターは業界と結託しているとされる。パーカーはわかりやすい評価ポイントシステムと厳格な独立性によって消費者の擁護者となり、多くの信奉者が生まれた。熟成感とコクがあり、迫力が感じられるワインを好むパーカーのワイン評は愛読者たちの共感を呼んでいる。突然生まれた、この新たな上質ワインの物語は1つ目の物語と衝突を起こしている。そして3つ目は、ビオディナミ製法や伝統製法といった自然派ワインにまつわる様々な物語。このタイプのワインは力強さよりエレガントさが好まれ、ブドウの育成方法とワインの造り方が物語の主題となる。醸造所ではブドウ畑の健康状態と、人手を極力控えた操作工程が重視される。この3つの物語の中ではとくに比較的新しい、自然に忠実で伝統製法に則ったワインの物語

スコットランドのサッカークラブ、パーティックFCの元監督、ジョン・ランビーには次のような逸話がある。試合中にチームのストライカーが他の選手と激突して脳しんとうを起こした際に、医師団から、彼が自分の名前さえ思い出せない状態だと知らされたランビーは、「お前はペレだと教えてやれば回復するだろう」と答えたという。この話には興味深い点がある。自己認識と、自分と世界の関係のとらえ方は、自分の考えや行動、ものごとの遂行能力にどの程度まで影響するのだろうか

と、アメリカのパーカーによる上質ワインの物語とが激しく衝突するようになった。

「すでに確立されたヨーロッパ的なワインの価値観対パーカー派という構図で、異なる美的秩序の理論を漠然と考えてきた」とシーレアスは言う。「しかし現在、これに代わる秩序になりうる最有力候補は、自然派ワインの世界だと思う。おもな理由は、自然派ワインの熱狂者たちの価値観が、ワインの造り方も含めて、ワインの特性そのものをはるかに超えているからだ。自然派ワインの動きは、自然という名の祭壇に美的価値観を捧げるのをいとわない」。

シーレアスの主張は、私たちは独自の視点でワインと対峙しているのだから、ワインのランク付けや評価付けの考え方にはこの点が配慮されるべきだ、という意見を裏付けている。ランク付けは、ワインの属性を決定づけるような万人共通の点数にはなりえないのだ。それでもどうしても1人のワイン批評家の意見に従うと決めたのなら、自分自身のワインの物語と共通点が多い批評家を選ぶといい。さもないとその批評家との違いに合わせて自分の意見を調整しなければならなくなる。

ワインを解釈する場合は、自分独自のワイン物語を踏まえての解釈だと意識すると一助になる。だからこそ物語が非常に重要なのだ。ワイン批評家ヒュー・ジョンソンの「ワインには言葉が必要だ」という主張は正しかった。しかしそれ以上に、ワインには物語が欠かせない。こうした物語こそがワインの理解を助けてくれるし、ワインへの恋の後押しをしてくれる。あるいは魅力的で人生を豊かにしてくれる、ブドウに始まる変化の過程を探索する旅の力にもなってくれるのだ。

ワインが芸術の一形態だと主張する批評家はほとんどいないが、ワインが芸術と見なされうる方法はないかと問うことによって、本章を閉じたい。美術館での匂いの展示会の開催を提案するのは、奇妙なことだろうか？　適切な技術さえあれば、彫刻家が銅像を彫ったり画家が絵を描いたりするのと同じように、アーティストが匂いを自在に操って、美しくて意味のある何かを訴えるような作品を生み出せないだろうか？　もしできるようになれば、ワインはまちがいなく、究極の風味芸術と考えられるようになるだろう。

脳が現実を構築する

　夢や幻覚とは、自分だけが経験する精神の状態であり、一般的に現実とは大きく異なる。こうした状態は、脳が感覚情報から作り上げたものなのなのかもしれない。ならば私たちが経験している現実も、本当のところは、私たちが周りの世界から抽出した現実を骨格にして作り上げているようなものなのだろうか？　脳の働きに関する新たな理論によれば、どうやらそうかもしれないようだ。

ゾンビは優秀なワインテイスターになれるか？

　ゾンビがどういうものなのか、多くの人が映画を通じてなんとなく知っているだろう。他の人間に噛みついたり食べたりして仲間に引き入れようとする以外は、まったく意志をもたず無意識に行動する生ける死体だ。ゾンビには内省という性質が与えられていない。

　もし内省できれば、ゾンビは優秀なワインテイスターになれるだろうか？　人肉をおいしそうに食べているところを見ると、どうやら味覚は備えていると思われるので、飲んでみればワインにも何か感じるかもしれない。しかし、テイスターにはなれないだろう。なぜならワインのテイスティング技術の多くには意識的な思考が求められるからだ。過去に飲んだワインと今飲んでいるワインを比較し、香りと風味について調べ、そこに何があるかを探し求め、発見した要素を分析しなければならない。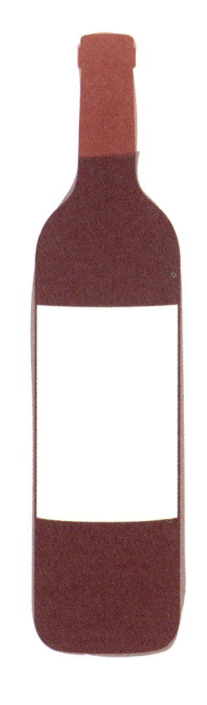

　ワインのテイスティングをしているとき、私たちは単なる計測機器のように行動しているのではない。私たちの意識に脳が示してくる知覚を意識的に判断しているのだ。この段階に至るまでに、脳は目と鼻と口から得た情報に基づいて多くの作業をしているが、自分ではこうした処理の経過を見ることもができない。けれども意識の段階までくれば、グラスに入ったワインを深く探ることができる。ゾンビはこの時点で苦労するだろう。味覚をもっているとはいえ、彼らにできる判断は好き嫌いだけなのだから。

　ゾンビと私たちの違いは意識だ。それがこの章の中核テーマでも

「物理学や分子遺伝学のような学問については、私たちはほとんど無知であることを潔く認め、専門家に敬意を払う。しかし心理学者が何らかの画期的な新発見をすると、そんなことはもう誰でも知っていると言われるか、あるいはばかげていると冷笑されるのが落ちだ」
クリス・フリス

ある。第3章では脳が感覚情報をどのように処理するかに着目したが、ここではもう一歩進んで意識そのものに目を向けてみよう。脳科学や心理学、哲学において最も興味深く、かつ難解なテーマだ。心理学者のクリス・フリスは「たいていの脳科学者は50歳に近くなると、自分には意識の問題に挑むだけの十分な智恵と専門知識があると思い込む」と皮肉っぽく語っている。この複雑かつ難解な概念に取り組むことは、研究者にとって落とし穴となる。

意識の話題を話し合うときの問題点の1つは、皆、自分がすでにこの話題に精通していると思い込みがちなことである。フリスは「心理学は多くの点で他の科学と異なっているが、最も重要な違いは心理学に対して誰もが独自の直観をもっていることだ。当の心理学者からしてそうで、皆、常に仲間内でしか通用しない心理学を使っているのだ」と説明する。また心理学は議論を巻き起こし、様々な学問領域とも関わる。研究が難しいため同じテーマでも見解を異にする文献も多い。けれども本章で紹介する意見は、概念的な観点から見ると際立って興味深く、おそらくは最も幅広く支持を集めていると思われる。

意識と世界ナビゲーション

ごく端的に言うと、意識とは、生物が周囲の世界に適切に対応できるよう、進化の過程で脳内で発達させた道具である。デカルトは、意識をもつのは人間だけだとしたが、イヌやシャチ、イルカ、ゾウ、そしてオウムにも意識があるように思われる。自らの経験を語ってくれる動物など存在しないため、動物の意識の有無を解明するのは不可能なのだけれど。

意識はどんな問題を解決するのだろうか。私たちには周りの複雑な世界を乗りきっていく手段が必要であり、その手段によって目の前の様々な刺激にすばやく対応している。目の前の課題がいかに困難かは、人工知能（AI）の開発に取り組む人々が直面している苦労を見ればよくわかる。脳がしている作業をコンピュータで再現しようと試みてようやく、脳が実はとても難解な問題を解いているのだと理解できる。

人工知能を作るときはたいてい、まず環境における可変因子を測定できて、得られたデータを処理用の大型コンピュータプログラムに提供できる機器の製造から始める。例えばデジタルカメラを使って視覚データを集め、続いて高度なアルゴリズムによって画像中の重要な要素を識別する。これは最新のデジタルカメラでよく行われる作業で、背景ではなく人の顔に焦点を合わせ顔を検出する。あるいはマイクで音を検出する場合は、やはり高度な処理を行って、データの意味を解読する。これはiPhoneのSiriプログラムが人の声を認識するのと同じだ。しかし扱うデータの量はすぐに膨大になる。もし人間の脳がこんな働き方をするとしたら、あっというまに情報に飲みこまれてしまうだろう。

　ここ数年、人工知能は深層学習(ディープラーニング)と呼ばれる手法によって格段に進化した。深層学習では、大量の多層化された抽出特徴を非線形処理(原因と結果の間に比例が成り立つ線形以外の関係を非線形という。非線形処理はより複雑な挙動を扱う)し、選出された特徴情報を次の段階へ送るという作業をする。この手法は、無意識に行われるという点で、これまでよりも脳の働きにぐっと近づいた。

　意識の話題に移る前に、まずは視覚に特化して考えてみよう。私たちは自分の視野を完全で正確なものだと思っているけれども、実は、目が取り込んだ情報から脳がつくり出したものである。周りをぐるりと見わたしたとき、実際に焦点がはっきり合っているのは視野の中心のごく狭い部分だけなのだが、私たちはあらゆるものに焦点が合っていると思い込んでいるのだ。しかし、視野には視覚神経と網膜が接する「盲点」という部分があり、ここでは視野が欠けている。けれども脳が情報を埋め合わせて見せてくれるおかげで、まったく欠損に気づかない。また、頭をぐるぐる動かすと目も一緒にあちこち見回す。このとき、視覚環境は途切れず安定しているように見えるが、実際に網膜に入ってくる情報はどんどん変化し続けているのだ。私たちは絶えず動いている一方で、視覚でとらえる環境は安定している。自分は動いているにもかかわらず、目の前の光景は安定していると感じる。ところが、もし目に入ってくる情報をそのままテレビの映像のように見るとしたら、それはもう見るに堪えないものになる

人間がもしディープラーニングによって情報を処理できたら(あらゆる外部データを取り込んで、自分の経験や記憶を入力し、適切な反応を計算できたとしたら)、脳は意識を必要としなくなるだろう。私たちはただのロボットと化し、ゾンビと変わらなくなる。このように考えると、意識は、複雑な計算問題に対処するための高度な解決機能として進化したように思われる

はずだ。脳が、視覚でとらえている環境の「モデル（型）」を組み立ててくれるおかげで、すべてが安定しているように見えるし、興味を引かれた対象に関心を向けることができるのだ。

　アクションカメラのゴープロ（GoPro）で満足できる映像が撮れないのは、こうした理由による。ゴープロは防水設計された小型のビデオカメラで、バイクやサーフボードや頭に取り付けておもしろい映像を撮ることができるが、実際に経験しているとおりには再現できない。例えば山道を下る自転車ルートをゴープロで撮ると、旅のドラマの一部を見せるだけの、まったく説得力のない映像になる。自転車で山道を下っているとき、生身の人間では視覚系が周りの環境を安定した映像として組み立てているからである。ただしそれは自分の目が取り込んでいる映像そのものではない。ゴープロには広大なアングルを撮影できるという利点があるが、そこは残念ながら私たちの視覚系は同じようには機能しない。

　ゴープロと同じことが『コールオブデューティ』シリーズなどのファースト・パーソン・シューティングゲーム（主人公の視点でプレイするシューティングゲーム）にもいえる。グラフィック画像はすばらしいかもしれないが、ゲーム空間の環境の視覚モデルを構築できないため、実際にゲーム空間にいると錯覚するほどの感覚は得られない。人の目の動きをたどって瞬時に反応できるようにならない限り、臨場感あふれるゲームにはならないだろう。また優れた映画制作者は、視覚の仕組みやそれが直感的か後天的かをよく理解している。彼らが駆使している技術を調べてみるといい。よく使われるのは、短い場面をつなぎ合わせたり、近くに寄ってアップで撮ったあとに遠く離れたりなどして、視聴者の興味が向けられた対象に、生物学的な観点（あの手は何をしているのだろう、あの顔は何だろうという関心）から焦点を合わせる手法だ。カメラはあちこち移動し、ひとコマごとの場面は非常に短いものが多いが、うまく撮影してつなげると見る側はそれに気づかず引きこまれる。

　つまり視覚について言えば脳は、不完全な周りの世界を、完全かつ有用に感じられる情景に作り上げている。私たちはこの処理を意識することなく、目で見る対象が、そこに実際にあるものだと考える。言い換えれば、私たちは世界をあるがままに知覚しているという幻

視覚から取り込んだ情報を理解する脳のシステムが、一瞬だまされることがごくまれにある。例えば自分の乗った電車が駅で停車しているとき、反対側の電車が動き出すと、ほんの数秒間、自分の乗っている電車が動いているように感じることがある。この奇妙な現象を経験している人は多いと思う。とても強い錯覚である

人工知能に求められる基本機能

聴覚
マイクが音声をとらえ、プロセッサーに送ると、関連性のある情報を周囲の雑音から取り出す。この機能により、会話の内容が認識可能になる

視覚
カメラが情景を取り込む。デジタルカメラが人の顔に焦点を合わせるようプログラムされているのと同様な機能で対象を認識する

聴覚と味覚
人の鼻と舌の役割を果たすセンサーによって化学分子が検知されて人工知能に伝えられると、人工知能はそれを認識して識別する

触覚
可動性の身体をもつ人工知能には、人の肌と体内を模倣した加圧センサーが必要である。このセンサーにより、本体に損傷を与えずに環境内を進むことができる

想を抱いているのだ。

脳はモデルを必要としている

　人間が知覚するものの多くは現実と正確には一致しないという説を第3章で少し紹介した。私たちは複雑な感覚データの塊の中から、最も関連性のある特徴だけを抽出している。そして、対象の属性と典型的な挙動および外見から対象を認識する方法を学ぶことによって、世界を進んでいく。こういった対象表象は多様で、多くの感覚から得た情報が組み合わされている。「対象の混合」に含まれる実際の感覚の組み合わせは、その対象の性質に依存するため重要度の高い感覚を特定することはできない。

　脳はモデル（型）を必要とする。なぜなら、私たちを取り巻く世界の複雑さを考えると、現実をリアルタイムに進んでいくための唯一の方法を提供してくれるのが、このモデルだからである。ここで、現在脳科学で注目を集めている話題、予測符号化（プレディクティブ・コーディング）について考えてみよう。現在のところ、脳は予測符号化という仕組みによって働いていると広く考えられている。

　簡単に言うと、脳が予測装置として働くということだ。脳に入ってくるであろう感覚データを、一連の期待要素（専門的には事前信念と呼ばれている）に基づいて予測し、予測データと脳に実際に入ってくる感覚データとを比べるのである。このとき脳は、周りの世界のモデルを改良するのに役立つ「エラーメッセージ」を探し出している。

　脳の働きに関するこの新たな理論については2人の立役者がいる。1人はドイツの著名な科学者ヘルマン・フォン・ヘルムホルツ。1866年、脳が無意識的推論を行う方法に関する論文を発表した。ヘルムホルツは、外界の刺激が感覚器官へつながるシグナルと、このシグナルの意識的経験との間に200ミリ秒のずれがあることに気づき、脳が無意識的推論を行っているため、機能するまでに時間がかかると判断した。この考え方が、現在、予測符号化と呼ばれている理論の始まりだった。もう1人の立役者はイギリスの牧師で数学者のトーマス・ベイズ。彼の理論は彼が亡くなった2年後の1763年

もし現実と正確に対応する、実際と同じ縮尺の地図があったら、まったく使い物にならないだろう。よい地図とは、扱いやすいように縮小し、役立つ情報だけを含むものである

に発表されたが、1950年代になるまでまったく認められなかった。ベイズは信念と確率の理論に取り組み、世界のあり方に対して強い考えをもてば、この考えが真実になる高い確率を予測できると訴えた。しかし世界の状態は変化し続け、実際に何が起こっているのかを正確に知ることはないため、予測には常にある程度の誤差が生じる。この誤差により、私たちは予測を改良し、向上させることができる。

　脳が行っているのは、内的な感覚モデルを構築することだ。私たちはそのモデルを知覚している。つまり、そこにあるものを予測して、さらに脳に入ってくる感覚情報を使ってそのモデルを修正する。予測と経験の間に違いがなければ、ほとんど無意識に知覚することもできる。例えば手を伸ばしてペンを取る動作を考えてみよう。何も考えないですんなり取れる。ところがあなたの脳は、ペンを取るためにどのぐらい手を伸ばし、どのぐらい力が必要かを予測している。そしてペンが予想どおりの重さである限り、何も考えることなくやりとげられる。だがもしペンが予想よりかなり重いあるいは軽い場合、その誤差が、注意して行動するようあなたを促す。そしてまさしく不意にペンを取るという行動に注意を向けるようになる。同じようなことは鉛のかけらや大きな発泡スチロールを持ち上げるときによく起こる。手に取ろうとしたものが予想外に重かったり軽かったりすると、拍子抜けする、あれである。ロンドン大学の感覚研究センター長を務めるバリー・スミス教授は、予測符号化の意味についてさらにこう説明している。

「以前考えられていたモデルは、受容体から入ってきた情報が感覚モダリティ（視覚や聴覚、味覚、嗅覚、触覚、運動感覚などの感覚の種類とそれらに即した経験）を通じて計算され、そこから抽出して、ものごとを判断するという理論でした。ところが、この説はもう信じられていません。現在では、脳はどんな感覚情報が入ってくるかをトップダウン的（記憶や経験から判断されること）に予測しているという考え方が主流です。脳が情報を得て、それが正確ならば難なくものごとをやってのけることができます。もし、不正確だというエラーメッセージを得たら、事前信念を修正することになります」。

　スミスからプレディクティブ・コーディングについて話をきいた結

「脳によって創り出されるという意味では、私たちが知覚するものはすべてが錯覚である。しかし私たちが知覚するものは、現実によって強く制御された錯覚である。このような制御は感覚が提供する証拠だけでなく、事前信念からも派生する。さらには、この枠組みでは、錯覚と妄想の間には本質的な違いがない。どちらも事前予測に制御された証拠から判断した結果である」
クリス・フリス

果、私たちが知覚していることは、自分たちを取り巻く世界のモデルであると考えるようになった。膨大な計算問題をそのまま処理することは非常に難しいため、現実をモデル化している。いわば模型遊びをしながら、現実を使って、それを確証したり反証したりしているのである。この理論についてスミスは次のように裏付けしている。

「これは行動における『順モデル』（この筋肉にこれぐらいの信号を送れば外部世界でこのような結果が起こるだろうと予測するモデル）から生じます。例えばあなたがテーブルからレコーダーを持ち上げようとしているとしましょう。一般的には、目を使って手をレコーダーへと導くと考えられますが、それでは時間がかかりすぎます。視覚野からの情報が腕を通って手を動かすまでが遅すぎるのです。この場合、脳ではすでにその動きと指先に起こると期待される感覚が予測され、そのコピーが保存されています。あなたが手を伸ばしてレコーダーに触れたとき、つまり動きによって指先で感じたものが、あなたの予測どおりであれば、予測と実際の知覚とを相殺します。

脳が現実をつくり出す仕組み

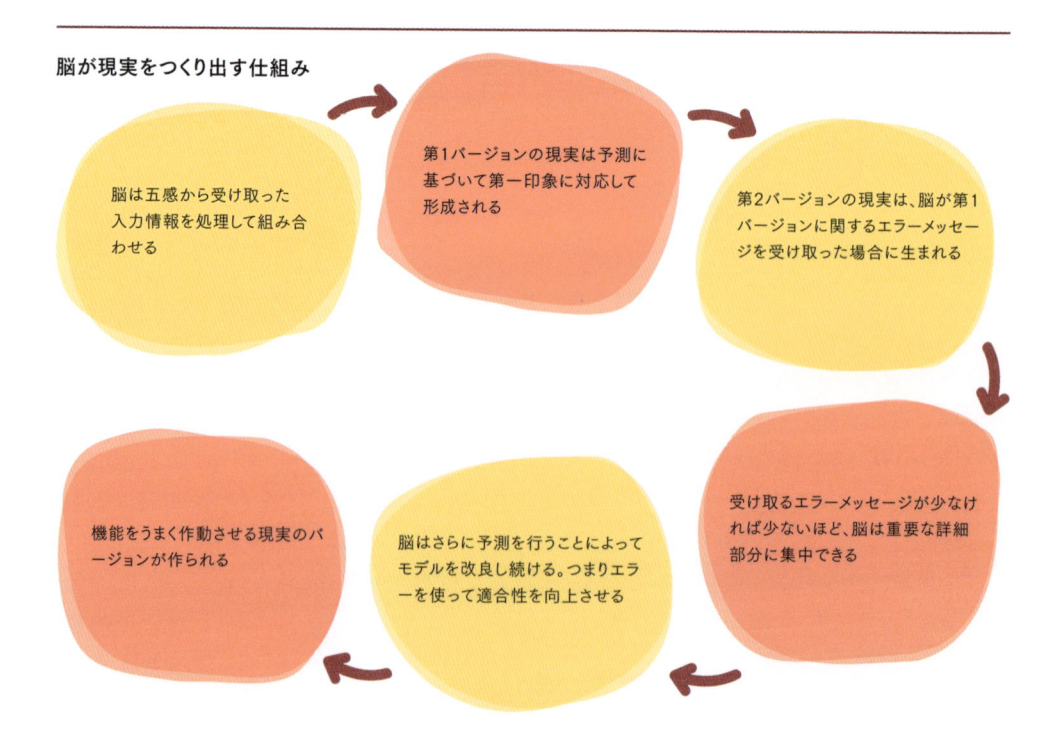

脳は五感から受け取った入力情報を処理して組み合わせる

第1バージョンの現実は予測に基づいて第一印象に対応して形成される

第2バージョンの現実は、脳が第1バージョンに関するエラーメッセージを受け取った場合に生まれる

受け取るエラーメッセージが少なければ少ないほど、脳は重要な詳細部分に集中できる

脳はさらに予測を行うことによってモデルを改良し続ける。つまりエラーを使って適合性を向上させる

機能をうまく作動させる現実のバージョンが作られる

言い換えれば、あなたは指で起こっていることに実は注意を向けていません。つながっていないということです」。

スミスはさらに、「ウエイター効果」と呼ばれる有名な現象を説明してくれた。「片手をまっすぐ伸ばしてみてください。あなたの手のひらに私が一本の瓶を置いて、また持ち上げてみましょう。あなたの腕は少しだけ上に跳ね上がります。ところがあなたが自分のもう片方の手で同じことをしても、腕は跳ね上がりませんね。これはあなたが、重さがどのぐらい変わるかを予測して、その変化に応じて修正したからです。けれども私の動きは予測できないので、計算して修正することができないのです」。だからレストランでウエイターがトレイにグラスを乗せてやってきたときは、決して自分でグラスを取ったりせず、そのまま相手に任せればいい。「つまりあなたは瓶が取り除かれたときに腕がどう感じるかを予測し、感じたままに筋肉の緊張度を変えているということになります。これが順モデルです」。

プレディクティブ・コーディングとテイスティング

ではプレディクティブ・コーディングの理論はワインのテイスティングにどのように応用できるだろうか。スミスは次のように語る。「ニュージーランド産のピノ・ノワールをテイスティングするとしましょう。きっと何度もしてきたことだと思いますが、色を見たり香りを嗅いだりして、口に入れる前の段階で、どんなことが起こるかすでにしっかり予測をしているはずです。とはいえ、酸味や甘味が少し強いといった予想外のことが起こる余地もわずかにあります。ところが口に入れた途端ボルドー産のカベルネ・ソーヴィニヨンの味がしたら、おかしな話ですが、びっくりしてすぐに予測していた特徴を探し始めるでしょう。プレディクティブ・コーディングの理論に従うと、あなたは自分の感覚を相殺して、ほとんど注意を向けなくなるでしょう。これはチェックリストのようなものです。次に、テイスティングに不慣れな人が赤ワインを飲もうとしているとしましょう。その人はそれが赤ワインであることを予測しています（つまり脳は、酸味が弱くてコクがあり、黒系か赤系の果実風味を予測している）。口に入れると、こうした特徴には注意が向けられず、飲み手にとって最も重要な注目点は、

そのワインが好きか嫌いかになります。何も考えずに味わうも同然なので、飲み手はそのワインがどんな味なのか覚えられません。この人にとって肝心なのは好き嫌いを判断することなのです。一方、プロのワインテイスターは奇妙な行動をあえて自らに課します。慣れ親しんだ感覚情報を感じにくくするという、生まれもった能力を弱めるものです。慣れて感じなくなった情報すべてに注意を向けるよう、わざわざ自分を仕向けるのです。個人として飲むのであれば、ニュージーランド産のピノ・ノワールにあるべき特徴をたくさん知っているでしょうから特別な注意を払う必要はありません。けれどもプロとしてはあえてそうせざるを得ないのです。感じないという脳の能力を抑えるのです」。

夢と幻覚

脳には、周りの世界にない経験から「現実」を生み出す能力がある。これを立証してみよう。メスカリン、リゼルグ酸ジエチルアミド（LSD）、シロシビン、ジメチルトリプタミン（DMT）のような薬物は幻覚といわれる変化を意識に引き起こす。これらを使うと、通常の制約を受けない、異常な現実を経験する。近年、精神的な治療効果を秘めているとして、幻覚剤が再び関心を集めるようになった。しかし、使用者に精神衛生上好ましくない作用をもたらす恐れがあるとして、実質的にはまだあらゆる国々で違法とされている。

アマゾン地域の先住民が宗教儀式で使う、アヤワスカという伝統的な幻覚剤がある。DMTを含むアヤワスカという植物のつると、モノアミン酸化酵素を阻害する成分（MAOI）を含むチャクルーナという植物を混ぜてつくる幻覚作用のあるお茶だ。通常、DMTは胃で分解されるが、このお茶ではチャクルーナ中のMAOIの働きによりDMTは分解を阻止され、うまく血流に入る。強力な幻覚効果があるが、同時に吐き気と下痢という代償が続く。シャーマンの指導のもとでアヤワスカを飲んだ人は、宇宙の本質と地球上における人間の生きる意味について強烈な精神的啓示を受けたと語り、より高い精神的次元へと近づき、伝道者や神霊治療家として活動する人々と接触できるのだという。長い間うつ病に苦しんでいた人が、こうし

アヤワスカを薬物というより植物療法と見なしている人も多い。女優のリンジー・ローハンや歌手のスティング、ポール・サイモンなどがアヤワスカを使った経験について語っており、ペルーとコロンビアではアヤワスカを経験するツーリズムが一大ビジネスとなっている。アマゾンのロッジでは、地元のシャーマンの指導によって、好奇心旺盛な西洋人が幻覚経験をしている。しかしこうした情緒の変化をもたらす精神的な追求にはリスクがないわけではない。優れたシャーマンもいるが、最近は死亡例やレイプなどが続発し、アヤワスカに暗い影を落としている

た強烈な幻覚経験によって回復した例も立証されている。

　薬物を使わなくとも、誰もが経験する幻覚状態が寝ている間に見る夢である。睡眠中の脳波のパターンを調べたところ、脳が起きているように思われる状況でも、目を司る筋肉以外の筋肉は反応しなかった。レム睡眠といわれる状態で、このとき人は夢を見る。レム睡眠中の人を起こすと、ほとんどの人が夢を見ていたという報告がある。しかし夢の記憶は長続きせず、レム睡眠から覚めて数分もたつと、もう思い出せなくなっている。

　イギリスの認知神経科学者サラ＝ジェイン・ブレイクモアと神経科学者のダニエル・ウォルパート、そして前出のクリス・フリスは2000年、愉快な研究論文を発表した。人が自分をくすぐることができない理由を考察したのだ。それによると、すべては脳の予測機能と関係があるという。運動系には内部的な順モデルがあり、ある動作をすると、どんなことが起こるかを予測する。脳は、指に対してくすぐるよう指令を送ると同時に、この運動から起こる感覚的結果を予測する順モデルを形成する。自分をくすぐる場合は、くすぐった結果が正確に予測される。脳はこの予測を使って影響を弱めることができるのだ。ブレイクモアとウォルパートは脳機能イメージング（脳内各部の生理学的な機能を様々な方法で測定し、画像化すること）を用いて脳内で起こっていることについて考察し、自分で自分をくすぐる場合は他人にくすぐられる場合よりも、体性感覚皮質と前帯状皮質の動きが不活発であることを発見した。つまり、自分で自分をくすぐる場合に感覚的影響が弱まる原因は、この2つの皮質にあったのだ。

意識と自由意志

　アメリカの生理学者ベンジャミン・リベットらが1983年に発表した論文はかなり注目され、哲学者や脳科学者らの間で論争の的となっている。被験者に30秒の間の自分の選んだタイミングで手首や指を動かすといった単純な動作をしてもらった。同時に、その動作を行う決断や衝動、意志をもった瞬間を、時計で示してもらった。リベットはこの瞬間を、Ｗタイムポイントと名付けた。次に脳波図を使って被験者の脳活動を観察したところ、思いもよらないことを発

レム睡眠中にまるで現実の経験のように鮮明な夢を見ることがまれにあるが、その内容は現実とはまったく無関係だ。一体何が起こっているのだろうか。夢でも幻覚でも、脳に備わった現実生成器官のようなもの（どんな器官かはわからないが）が、現実による情報入力や制御が行われない状態でも活発に働いているかのように思われる。しかしそうではない。記憶から情報を引き出し、非常に現実感のある経験を創り出しているのだ

見した。動作を促す準備的な脳活動である「準備電位（RP）」と呼ばれる電気信号が、被験者の動作より0.55秒前に発生していたのである。さらに、Wタイムポイントと準備電位の発生の間には約0.35秒の差異があった。まるで、本人が意識的に動作を行おうと想像さえしないうちに、脳がその動作を開始しているかのようだった。この実験結果は人間の自由意志の概念を完全に抹殺するものだという意見が多く聞かれるようになった。動作は人間の意識的な決断ではなく、準備的な脳活動によって開始されるものであり、意識的な決断の入る余地がないのであれば、自由意志など存在しえないというのだ。

これは厄介な問題である。私たちの行動も発言も思考も、自分の自由意志で選んでいないなどという考えを歓迎する人は少ないだろう。こういった自由があるという前提は、私たちの社会構造のあり方の根本をなしているのだ。確かに、私たちの行動は遺伝的あるいは環境的な影響に左右されることもあるだろう。しかしそれを考慮

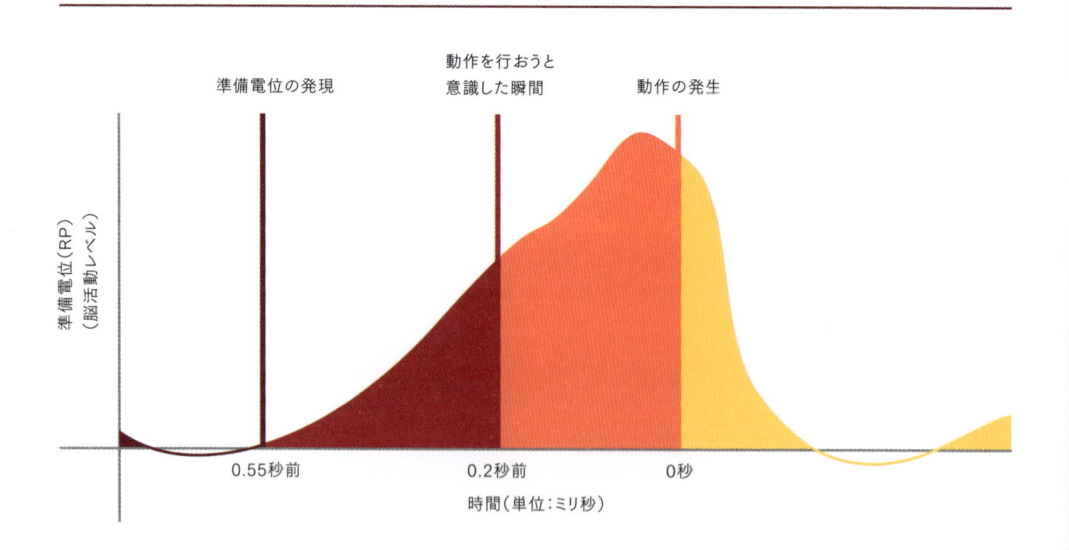

リベットの実験

ここに示したグラフはベンジャミン・リベットの実験結果を表したもので、これまでに何度も再現されてきた。グラフは、脳活動は動作を行う決断より先に起こることを示している。準備電位（RP）は脳の皮質の電圧変動の記録である

に入れても、イエス・ノーを言ったり自らの選択を決めたりすることに関して、かなりの裁量領域をもっていると考えるのが当然だ。

リベットの実験結果をめぐる解釈には興味深い考察が1つあり、もしかするとこれが人間の自由意志を救ってくれるかもしれない。被験者らは、自分には意識的な願望があったがそれを抑制、あるいは拒否する選択もできたと報告した。リベットの実験ではときおり、準備電位が発現したがそのあとに拒否が続き、したがって被験者が何の動作も起こさなかった場合があったのだ。そう考えると、私たちの自由意志はレストランでの食事に似ているかもしれない。レストランでは限られた数の選択肢から食べる料理を選ぶが、自宅で料理をつくる場合は何もないところから選択しなければならないからだ。

甘い期待

オハイオ州立大学の音楽教授を務めるデヴィッド・ヒューロンは『Sweet Anticipation: Music and the Psychology of Expectation(甘い期待：音楽と期待の心理学)』(2006年)という興味深い本を著した。この本で展開される考え方は、意識的知覚の基本としてのプレディクティブ・コーディングの概念と非常にうまく結びつく。音楽を聴くとき、音楽と私たちの関係は、反復暴露、つまり次々と聞こえてくる音とともに更新されていくという。私たちは次に聞こえてくる音を予測し、その予測と実際の音楽が一致すると喜びを感じる。

ヒューロンは自分の理論を音楽以外の分野にも適用し、ITPRAと呼ばれる理論で、期待について幅広く説明している。理論の名前は5つの期待反応、すなわち、想像(imagination)、緊張(tension)、予測(prediction)、反動(reaction)、そして評価(appraisal)の頭文字からとられている。最初の2つは事象が発生する前に生じ、残る3つは事象の発生中あるいは発生後に生じるという。

ヒューロンの説によると、想像反応とは起こりうる結果に対する期待と評価であり、緊張反応は起こりうる結果の性質と確実性、そ

私たちは無意識によって、欲望や衝動を提示されていて、それを抑制するか満足させるかの選択権が自分にあるのかもしれない。とすると、意識は部分的には選択可能なプロセスといえるだろう。私たちは、無意識な脳から提案された多数の可能性の中から決断をしている。意識的な自由意志は、自主的な行動を始めるのではなく、どの行動を選ぶかを制御するために働くのかもしれない

して重要性に準じて生じる注目と感情の高ぶりを形づくる役目を果たす。予測反応は、事象が起こると、事前の期待と事象がどのぐらい一致しているかを確認する。反動反応は事象への瞬発的な反応だ。最後の評価反応は意識的な反応で、事象を慎重に考え抜いた評価である。

　私たちの予測とその的中具合は、報酬あるいは罰という結果をもたらす。予測が当たると肯定的な感情という報酬が生まれる。逆に予測が外れると私たちは驚き、場合によっては否定的な感情という罰が生まれる可能性がある。こうした感情的な因果関係をITPRAのプロセスに付随させることによって、進化は私たちの予測技術の向上を促してきた。その特典として、予測技術は、私たちが変化の激しい環境に正確に反応していくのを助けてくれる。私たちが音楽から得る喜びは、この能力の副産物にすぎない。

次にどんな音楽が続くのか正確に予想できるようになると、すぐにその音楽に飽きてしまう。何度も同じ音楽を聴かされると非常に不快になるのはこのためである。一方、興味を覚えた音楽には親しむようになる。これは単に親密さの効果ではなく、次にどんな音が続くのかを正確に予測する能力が向上したことに対して、脳が報酬を与えられたのである

予測がもたらす意外な結果

　予測の失敗から生じる驚きが報われる場合もある。というのも、音楽には、どういうわけか驚きと予測の実現を結合させられるものがあるという。この理由として1つ考えられるのは、意識的な期待が満たされることに報酬効果がある一方、無意識の期待の充足はさらに報酬効果が高いということだ。したがってもし潜在意識が刺激にさらされたら（例えば非常に短い刺激や、過去のどこかで受けた刺激、あるいはぼんやりしていたときなど）、無意識な期待を獲得している可能性があり、再びその刺激を受け、無意識の期待が的中したときには大いに満足するはずである。

　ヒューロンは、いわゆる感覚の概念を拡張して、「未来」の感覚も含めるべきだと考えている。「様々な意味で期待を、未来感覚というもう1つの感覚とみなしてもよいだろう。視覚がこれから起きる事象の情報を精神に提供するのと同じだ。他の感覚と比べると、未来の感覚は、生物学が転じて魔法のようになった最も身近な例だ」。

　未来の予測以外にも、意識のおかげで他者の意図を解釈できる。これはとても役に立つ。ごく限られた情報から、ある程度まで他人の思考を類推できるのだ。他者の心理の解釈は社会的交流をす

るうえで欠かせない技能だが、たいていの人は難なく行っているため、どれほど優れているのか気づかない。

　脳は他者の行動や振る舞い方への警報装置である。1990年代初頭、イタリアの神経生理学者ジャコモ・リゾラッティの研究チームは重要な発見をした。サルの神経画像を見ながらその振る舞いを調べたところ、サルが行動を起こしたときニューロン（神経細胞）が発火（神経細胞の膜電位の急激な変化を波形特定器で観察すると尖った波形となり、発火と呼ばれる）するのを確認した。さらに、他のサルが同じ行動を起こすのを見たときもこのサルのニューロンが発火するのを発見したのだ。リゾラッティらはこの現象をミラーニューロンと名づけた。人間にもミラーニューロンがあると仮定すると、私たちは他者の意図を読み取ることによって、相手が何をしているのかを理解しているとも考えられる。社会的な場ではわざわざ考えなくても、ほとんど直感的に他者の意図を理解している。ミラーニューロンのおかげで、私たちは他者が経験している意図や感情を、相手が明確に示さないときでも感じ取ることができるのだ。友人がほほ笑むのを見れば、自分のミラーニューロンもほほ笑む。つまりこの社会的な状況で、何が起こっているのかを直感的かつ即座に理解しているのだ。事実、誰かにほほ笑みかけられたら、ほほ笑み返さずにはいられない。もし誰かが顔をしかめていたら、どこか痛いのだと思うし、あくびは伝染する。人間のミラーニューロンが存在するかどうかはもちろん証明されていないが、きっとこのニューロンは存在し、他者とうまくつき合う助けになっているのだろう。

　以上のことから、私たちは意識的な経験の本質にたどり着いた。意識とは一体である。これは明らかと言ってよいだろう。意識的であることに関する要素はすべてが一体化して経験されている。個々に分離した意識がどうにかこうにか結合するわけではない。このテーマについては最終章でさらに触れたいと思う。

脳は未来を予測させ、予測は感情と結びついている。人は概して保守的である。潜在的な危険性に対して、普段よりも警戒する場合がある。その警戒度は、危険度がどれほどのものか予測する程度に左右される。このような未来を感じる能力があるからこそ、芸術をはじめとして、音楽鑑賞や映画鑑賞、そして優れたワインを楽しむという美的活動が可能なのだ。こうしたすべての活動は、期待によってもたらされた感情的報酬をまるで乗っ取るように行われる

ワインを語る言葉

　ワインテイスティングでは、自分のもった印象をどのように他の人に伝えるかということも問題になる。しかし、ワインを飲んで経験したことをうまく言葉に表すのはたいへん難しい。では一体どうすれば伝えることができるのだろうか。本章では、ワインを語る言葉に焦点を当てる。そして、語彙が豊富になると、ワインを味わうときの知覚が安定するのか、また香りと味を言葉に変える難しさは、あらゆる文化圏に共通するのかといった話題にも触れていきたい。

感じたことを伝え合う言葉

　仲間とテーブルを囲んで1本のワインをシェアすると、感想を伝えたくなる。誰が買ってきてくれたワインであれ、まずは品質について賛辞を贈るだろう。そしてたいていは少し踏み込んで、感謝の気持ちを表すためにもワインの属性を表現しようと努めるはずだ。これがワイン業界になると、まったく別の次元になる。

　私はワインを嗜むようになった1990年代の初めごろ、飲んだボトルを覚えておくためにテイスティングノートを書くことにした。当然ながら他の人のテイスティングノートも読んでみた。例えば、ワインについて学び始めた頃に読んだアメリカのワイン批評家ロバート・パーカーの『厳選評価　世界のワイン　ワイン・バイヤーズ・ガイド　1987年版』（2000年、講談社）。ドアストッパーに使えるほど重い本だ。パーカーのテイスティングノートは熱心で大胆、そして初心者にも実に理解しやすかった。こうしてワインに関する一連の言葉を集めていったが、テイスティングノートを書き始めた当初はたどたどしくて短いコメントしかできなかった。当時の私はワインを表現する語彙が明らかに貧しかったのだ。

　味と香りを表現する語彙はごく限られている。そのため、ワインを飲んだときの知覚経験はなかなか説明しづらい。それなのに興味深いことに、私たちは頻繁にこの作業を行っている。なにしろワイン業界ではことあるごとにワインを味わった経験を言葉にして伝え

友人に招かれて食事をするときは、「このスパゲッティボロネーゼは最高だね」とか「このビーフすごく気に入ったよ、あの角にある肉屋で買ったのかい?」など、料理を用意してくれた友人をほめる。食べ物に関するコメントにはたいてい当たり障りのない言葉を使い、ごくおおざっぱかつほぼ肯定的な評価になる。しかしワインとなるとそうはいかない

合っているのだ。ところが食べ物についてはなんとなく言葉にしない。レストラン批評家はステーキやフライの知覚経験をこと細かに語ったりしない。ステーキは美味しくてもそうでなくてもステーキの味がするし、フライも同様だ。ここに言語学者が注目し、「ワインスピーク（ワイン業界特有の言葉）」と名づけた用語集を手がかりに、どんな言葉を使って感覚経験を説明しているのか調べた。これについてはあとで詳しく紹介する。

　私自身は、他の人のテイスティングノートを読んでワインに関する語彙を徐々に増やしていった。そうして自分のワイン用語が広がっていき、使いこなせる語彙がどんどん増えてくると、ワインの方からもさらに多くを与えてくれることに気づくようになった。身につけたワイン用語は、さながら自分が感じ取った要素をひっかけておくフックの役割を果たしていた。私はワインのある特徴にとりわけ着目していたのだが、その特徴がよりわかるようになった。言葉は知覚に影響を与えると同時に、その知覚を説明する道具として使われているのである。

知覚は言葉によって形成されるのか

　言語学者のガイ・ドイッチャーは著書『言語が違えば、世界も違って見えるわけ』（椋田直子訳、インターシフト、2012年）で、知覚の形成に与える母語の影響を考察した。現代の言語学界で優勢な「先天論」によると、言語とは本能的なものである。すなわち、言語の基礎は遺伝子情報として暗号化されていて、あらゆる文化圏に共通しているそうだ。人は言語学的な道具を一揃い持って生まれてくるため、誰でもすべての言語に共通する文法と基本的概念を備えていると主張する。これに対してドイッチャーは、文化の違いが言語を大きく左右すると反論した。

　ドイッチャーは色を表現する言語を例に挙げた。例えば異なる言語を話す2人がいて、それぞれの言語で色の表現が様々に分かれているとしたら、彼らの経験する世界は異なるのだろうか？

　第1章で紹介したように、1858年、のちにイギリスの首相となるウィリアム・グラッドストンは、1700ページにも及ぶ大著『Studies on Homer and the Homeric Age（ホメロスとその時代）』で、ホメロスの叙事詩に色を表す言葉が極端に少ないことと、青という色がまったく見られないことを指摘した。黒は200回登場し、白は100回、赤は15回足らず、黄色と緑にいたってはそれぞれ10回にも満たない。そして青は一度も登場しなかった。ホメロスの時代のギリシャ人にだけこうした奇妙な色彩バイアスがあったのだろうか。そうではない。ドイツの言語学者ラツァルス・ガイガーが他の文化圏を調べたところ、青い色の記述がまったく見つからず、空さえ青とは表現されていなかった。

　言葉と知覚の関係は変化するという理論は、言語相対論として知られている。言語相対論の中で最も有名な説は、提唱者であるアメリカの言語学者エドワード・サピアと弟子のベンジャミン・ウォーフの名前にちなんで名づけられた「サピア＝ウォーフの仮説」である。この仮説によると、私たちの考え方は使う言語によって影響を受けるので、言語が異なれば、世界に対する思考や認識にも違いが生まれるそうだ。言語ごとに現実の表現の仕方が異なるため、現実に対する認識も違ってくるということだ。この説を初めて唱えたのは、おそらくプロシアの言語学者ヴィルヘルム・フォン・フンボルトだろう。フンボルトは、言語が思考を形成するため、思考は言語自体だけでなく、地域の方言にもある程度依存すると主張した。

文化の違いとワインの表現

　ワインを説明する言語は文化によって多種多様だ。まず風味の表現語からして異なっている。飲み手の経験や知識によって、ワインの中に探し求める要素も違うだろう。ここでは、ワインを表現する言語が異なると、グラスに入った液体の感じ方も異なるのかという問題を考えてみよう。思うに、ワインの香りを嗅ぎ、味わうとき、少なくとも最初は誰でもほとんど同じ様な経験をしているのではないだろうか。言語の違いが作用し始めるのは、この経験について考えをめぐらし、それを言葉で表そうとするときだ。

　長い間、ワイン批評家は、実際の風味について記述するのを避ける傾向があった。風味経験を言葉で表すのが難しかったからだろ

イギリスの心理学者ジュール・ダビドフはナミビアに行き、ヒンバ族を対象に実験を行った。ヒンバ族の言語には「青」という言葉がなく、彼らは青と緑を区別できなかった。緑色の四角形が11個と青色の四角形が1個書かれた円を見せたところ、青い四角形を選べなかったのだ。一方、ヒンバ族には緑色を表す言葉が豊富に存在する。緑色の色味を少し変えた四角形を1個混ぜたら、見つけ出すことができた

う。例えばワイン批評の巨匠に名を連ねるヒュー・ジョンソンは、これまで事実上、一度も実際のワインについて執筆したことがない。2014年、イギリスのワイン雑誌『The World of Fine Wine』にテイスティングノートの発展をたどった記事を寄稿した。その中で19世紀のイギリス人作家サイラス・レディングを、ワインについて執筆した最初のワインライターであると評価している。ジョンソンは、19世紀後半に登場したイギリス人作家ヘンリー・ヴィゼテリーの著作にも触れている。20世紀に入ると、イギリスでワイン商かつ作家として活躍したフランス人のアンドレ・サイモンが先達の後を継ぎ、ワインに関する100冊以上の本を執筆したそうだ。彼は擬人化を好み、ワインを人のタイプや樹木にたとえて表現した。やはり作家として著名だったジョージ・セインツベリーは、ワインについて幅広く執筆したが、風味の記述にはあまり時間を費やさなかった。

2005年、イギリスの新聞『The Times（ザ・タイムズ）』で、飲食関連のジャーナリスト、ジョナサン・ミーズは、ワインを描写する言語の使い方に挑戦状をたたきつける記事を書いた。1971年に初めて刊行されたヒュー・ジョンソンの代表作『世界のワイン図鑑』（未邦訳）で提示されたテイスティング用語は80語にも満たなかったのに、これ以降、用語数が急増したことを、ミーズは非難したのだ。「ワイン造りも消費者のタイプもグローバル化した現在、テイスティング用語は大幅に増えた。そして新たに、質的にこれまでとは異なる用語が進化したのだ。古い用語はセント・ジェームズ通り（イギリス最古のワイン店のある通り）やサン・テステフ（フランスの銘醸産地）で作られた、符丁みたいなものだった。どの業界にもある専門用語と同じく、厳密で排他的で、外からの影響を受けない用語だったが、今ではそれはすっかり消えうせ、騒々しく通俗的な言語に飲み込まれてしまった。新しい言語は、ワイン商やソムリエ、ライター、熱狂的なワイン愛好家、さらにはたしなむ程度の一般消費者にいたるまで、あらゆる人が、自分がいかに独創的な言葉を駆使できるかを誇示する手段になっている」。

ワインの世界的競売人として知られるイギリスのマイケル・ブロードベントは1968年の著書『マイケル・ブロードベントのワインテースティング』で、ワインの味わい方と表現の仕方について詳しく述べて

美術館で絵画を鑑賞するとき、最初は誰もが同じような見方をする。しばらくすると、人によって細部への目の向け方が異なってくるはずだ。どこに気づき、どんな部分に目が釘付けになるのだろう？　そしてその絵画から何を感じ取るのだろうか？

いる。醸造学の権威として知られるフランスのエミール・ペイノーは
ブロードベントの本に倣うように、1983年、『Le goût du vin（ワイ
ンの味）』をフランス語圏の読者に届けた。しかし本当の過渡期が
訪れたのは、ロバート・パーカーが登場してからだった。ワインに点
数を付けて評価する彼の手法と、明解なテイスティングノートは実に
有用と受け止められた。ヒュー・ジョンソンによれば、どちらが欠け
てもだめなのだそうだ。「パーカーの秘密は熱意と信念、ワインを味
わう純粋な喜びと人生への熱望にある。こうしたことが彼の言葉の
流れを形づくり、会話を生み出すのだ。1990年代を迎えるころには、
ワインの世界は果実味とナッツの風味であふれていたよ」。ジョンソ
ンはカリフォルニア大学デーヴィス校の科学者アン・ノーブルと、彼
女が考案したワインのアロマホイール（176ページ）にも触れている。
アロマホイールは、ワインの香りを関連するカテゴリーごとに分類し
て円形グラフに示したもので、ワインを学ぶ学生がワインの構成要
素をうまく見つけ出し、より正確に表現できるようにと作られた。ジョ
ンソンはこうも書いている。

「近年、文体上の変化が多く見られるようになった。まず、形容詞で
は限界があるので、それを補うための直喩表現が入り込んできた。
もはやワインは単に繊細だの洗練だのという存在ではなく、レモン
やイラクサ『のような』もの、それどころかボイセンベリーやローガン
ベリーとも表現されるようになった。果実に似ているだけではなく、
ワインが果実の風味を『生み出す』ようになった。一番よくわかるの
がバーなどにあるラミネート加工された高飛車な常連のワインリスト
だ。それぞれブドウの品種や産地と結びつけられて、石のようなかた
さ、イラクサ、あるいはトロピカルフルーツなどと表すのが習慣的に
なっている。そして、ミネラル感ときた。一体誰がこんなとらえどころ
のない（しかしどうやら世界共通語らしい）品質と表現用語を使い
始めたのだろうか。確かにワインにはそのような特徴があるにはある
が、ライターは十中八九、単に酸味の意味で使っているし、これまで
もそう言ってきたはずだ」。

　ジョンソンはイギリスのワイン批評家ジャンシス・ロビンソンの名
前も挙げている。パーカーと同時期に世に知られるようになったが、
ジョンソンはパーカーよりも彼女の方がより理性的な視点をもって

「文学めいた昔の表現スタイ
ルが、さほど多くない言葉のス
トックに大きく依存して、色や
香り、味やストラクチャーを表
現していたとすれば、1980年
代は、野菜をはじめとする様々
な世界から表現用語を採り入
れて、新たに広大な分野が開
拓されたといえるだろう」
ヒュー・ジョンソン

いると見ている。「彼女の分析は明快で、フルーツサラダの材料じみた形容はほとんどしない。まるで試験問題を添削しているかのようだ」と言う。ジョンソンにとって、ワインについて書くうえで最も重要なことはワインへの愛情だ。「ライターに情熱がなかったら、読者は一体何を読み取ることができるというのだろうか」。

学問的な視点

ハーバード大学のスティーヴン・シェイピンは、私たちがワインを表現するのに使う言語が時間とともにどのように変化してきたかを広範囲にわたって書き表している。

「古代から16世紀、さらに17世紀までワインを表現する言語はタイプも含意の緻密さも、現在の語法とは異なっていた。このことを、16世紀半ばのイングランドで入手可能だったワインを調査した医師の観点から考えてみよう。ワインの味はラテン語で分類されており、dulcia（甘い）、astringentia（収れん性がある）, austera（酸味）、acerba（渋み）と表現される。そして『acria（ぴりぴりする）、acida（酸っぱい）などの言葉に相当する名前は英語にはほとんどない』と書かれている。さらに、17世紀に書かれた文献『The Blood of the Grape（ブドウの血液）』には、『ワインには甘い、強烈な、渋い、穏やかな、という4つの味がある』と書かれている。だいたいそん

ワインに関する記述が非常に少ない：よいワインか劣ったワインか？	アンドレ・サイモンとジョージ・セインツベリー：ワインの記述はわずかで、比喩表現が多い	メイナード・アメリーンとエドワード・レスラー：『現代におけるワイン評価のための官能評価方法』
20世紀以前	20世紀初期から中盤	1976年
"ワインは大いなる喜びを与えてくれる。そしてあらゆる喜びは、それ自体がよいものだ" ウィリアム・メイクピース・サッカレー	"ワインのない食事は屍のようなもの、食事のないワインは幽霊のようなものだ……" アンドレ・サイモン	"特定のアロマやブーケを表現するのによく使われる用語として、ランシオ香、フォクシー香、フロールシェリー香がある" アメリーンおよびレスラー

なところだが、中世のイタリアの論評には、もっと幅広い用語が使われているものもある。しかし16世紀から18世紀まではこの4種類の風味リストが一般的であり、近代のライターたちにとって、これ以上の表現用語を見いだすことは困難だった」。

　ワインの表現用語が変わるきっかけのひとつとなったのは、カリフォルニア大学デーヴィス校のワイン学科で1970年代から80年代にかけて行われた研究だ。1976年、同大学の教授メイナード・アメリーンとエドワード・レスラーは共同でワインの官能評価の手引書を出版した。彼らの目的はあいまいで非現実的なワイン用語を、正確な言葉に置き換えることだった。つまり、「男性的な」、「素朴な」、「調和のとれた」、「押しの強い」などから、分析的な性質をもつ標準化された言葉へ移行させようとした。

　アン・ノーブルが開発したワインのアロマホイール（176ページ）も、「ワインスピーク」をより科学的に、かつ厳密な方向へ向かわせるうえで大きな進歩だった。図は三重の円で構成され、ワインの様々な匂いが配置されている。中央の円には、木香、土臭い、花香、草などおおまかに香りが分類されている。中心から2つめの円は、より具体的な香りの下位区分、さらに3つめの円には実際に感じられる香りの種類が配置されている。アロマホイールは、匂いを感じ取り、言葉で表現する難しさを克服するために考案された。このホイールによって、ワインを学ぶ学生たちは、以前より客観的で繰り返し使える言葉

シェイピンの主張によると、初期のワインは健全性、つまり良し悪しが重視されたという。健全性は誠実さも意味する。当時のワインにはよく混ぜ物がされていたからだ。シェイピンはシェイクスピアの名言「良酒に看板は要らぬ」にも触れている。これは、優れたワインはわざわざ宣伝をしなくても人はその美味しさを理解し、引きつけられてくるということを意味する。さらに、ワインは健康に効用があるとも考えられていて、良質なワインは医学的効果が高いとされていた

アン・ノーブルのワインアロマホイール	ロバート・パーカー：凝った表現用語	エミール・ペイノー：『Le goût du vin（ワインの味）』	ワインライティングと批評の台頭：表現ボキャブラリーの急成長
		1980年代	1990年代
"刈りたての草のように新鮮、ピーマン、ユーカリ、ミントを思わせる"　アン・ノーブル	"私は若くてはつらつとした白ワインが好きだ"　ロバート・パーカー	"アルコール由来の甘味と酸味のバランスが取れている"　エミール・ペイノー	"風味は繊細かアロマティックか、新鮮かベイクドか"　WSETの試験問題

を身につけることが可能となった。

　話を戻そう。アメリーンとレスラーの手引書は、その後ノーブルら専門家によってさらに詳細な形で展開され、20世紀のワイン産業の発展に深い影響を与えた。空想じみた用語は捨て去られ、より体系化されたワイン用語が生まれた。ワインに実際に含まれている要素に注目することによって、品質に対して、それまでより科学的な見地から取り組む基盤が築かれたのだ。ワイン人気が世界的に高まってきたのは、市販ワインが以前より購入しやすくなったためだ。これは容器の工夫（ラベルにブドウ品種を記載するなど）および風味（すっきりとして、よりフルーティーで魅力的な風味を重視する傾向）の両面からいえる。中でもワイン業界と消費者のワインの語り方の変化がどれだけ人気の拡大に貢献しているかを考えてみるとおもしろい。とはいえ好ましくない面もある。ワインを語る共通言語が幅広く普及したことにより、ワインをめぐるアプローチが画一化し、さらなる発展を阻害している可能性があるのだ。

ワインの典型

　私たちは第2章で、専門家がワインの描写に使う言葉に対して、色がいかに強い影響を与えるかを見てきた。これは知覚バイアスとして知られ、専門家はとくに陥りやすい。フランスの科学者ギル・モローとニュージーランドの認知学者ウェンディー・パーの研究によると、専門家がワインに関してもっている知識は、色であれラベルのデザインであれ、実際に経験しているものを圧倒してしまうという。自分の考え（知識）をトップダウン式に優先させ、自分の知覚を曇らせてしまうのだ。ワインを味わい、何であるかを判断しても、自分が認識するそのワインの「典型例」が、探しているものを導き、経験にまで影響をもたらすのだ。

　私の仕事仲間で、飲料業界雑誌『インバイブ』の編集者をしているクリス・ロッシュは、体系化されたテイスティングノートが必ずしも常に最適なものではないという、興味深い意見の持ち主だ。彼は数人のバーテンダーらとウイスキーを味わった会のことを思い出して語ってくれた。バーテンダーたちはワインテイスティングを学んだ経験は一

度もなかったそうで、ロッシュが書いたテイスティングノートとはまった
く異なる印象を書いたのだという。

「ぼくのテイスティングノートは型通りで堅苦しく、まるでおもしろみが
なかった。バーテンダーの記録は雑然として規則的ではなかったけ
ど、生き生きして刺激に満ちていたよ。今でも覚えているけど、25年
物のモルトウイスキーを飲んで、『春の朝に、露の降りた庭を散歩し
ているようだ』と表現した人がいたんだ。そのウイスキーの特徴をう
まく言い当てていたし、何よりも飲みたくてたまらなくなったよ。そし
てまさに、ここに問題があると思うんだ。ぼくたちが学んだ体系立て
られたテイスティングノートの書き方は、直観的な反応を取り除ける
ように、少なくとも最小限に抑えられるようにできている。感情的な
偏見を交えずに、冷静に分析するためにね」。

　テイスティングが体系化され進歩したにもかかわらず、ワインの世
界では何かが失われたような雰囲気がある。ワイン経験を言葉で
伝える最も効果的な手法に対して、疑問が生じてきたのだ。アメリカ
の著名なワイン批評家マット・クレイマーは2015年に『True Taste:
the Seven Essential Wine Words（真の味覚とは：7つの本質
的なワイン用語）』という冊子を出した。その中で、風味の識別や表
現用語だけに固執するのをやめて、より包括的で思慮に富んだ主
観的な用語へと移行することを促し、その方がワインの特性を的確
に表現できると主張した。「過剰な数のテイスティングノートを書いて
も、それは非現実的な風味の表現用語を長々と並べ、スコア上にし
か現れない評価を提供するだけだ。せいぜい、いくつもの気取った
言葉のあとに威勢のいい荒っぽい風味表現が続く程度だ」と彼は
述べている。クレイマーが推奨する7つの用語は、洞察、調和、口当
たり、複層感、フィネス、驚き、そしてニュアンスである。

知覚を共有できる言葉を使う

　私たちは言葉を読むとき、文字という視覚情報を単語に変換して
いる。紙に書かれた単語を見ればすぐに、視覚情報が意味を帯びて
くる。ラブレターや敵意のあるツイート、あるいは税金の督促状を思
い浮かべてみよう。視覚情報が引き金となって、たちまち感情が沸

ワインのアロマホイール

アン・ノーブル教授により考案されたアロマホイールには一連のワイン表現用語が網羅されている。これを参照すれば、テイスターは感じ取ったものを言葉で表すことができる。まず中心円内の概念的な用語類からワインに合う用語を見つけ、外側の円の具体的な用語類から合う用語を見つけていく

き起こる。ワインについて執筆するときは逆の作業をする。1つの風味から呼び起こされた意識的知覚に、記憶と学び取った知識を加え、感情の反応を文字に変えて、自分の感じ取ったものを何とかして他の人たちに伝えたいと願う。だから知覚という自分だけの世界をできるだけ明快な形で読者に伝えようと努めるのだ。ではそのための最も効果的かつ合理的な方法は何だろうか？　比喩的な言葉の助けを借りてワインを描写するべきなのだろうか？

　ここで認知言語学という分野に目を向けてみたい。つい最近、スペインのカスティーリャ・ラマンチャ大学のエルネスト・スアレス・トステ博士、ロサリオ・カバリェロ博士、ラケル・セゴビア博士は、「感覚を翻訳する：ワインを語るうえでの比喩的言語」いう論文を発表した。英米のワイン関連誌『ワイン・アドヴォケート』誌、『ワイン・スペクテイター』誌、『ワイン・エンシュージアスト』誌、『ワイン・ニュース』誌、『デキャンター』誌、そして私のブログ（Wineanorak.com）から、1万2千に及ぶテイスティングノートを収集し、分析した結果をまとめたものだ。集めた文章は、切り貼りして余分な情報を取り除き、1つのデータセットにし、記事中で使われていた隠喩表現をタイプごとに分類した。続いて、重要な隠喩を個々に検索するために用語索引も分類された。隠喩を使うのは、言語には味や匂いを表現する語彙が貧弱だからだ。「味や匂いに関するあらゆる感覚的な印象を表現できる用語集など一切ないため、感覚を合理的に説明するには、比喩的な言葉に頼らざるをえない」とスアレス・トステ博士は説明する。彼はさらにこう続ける。「詩のような人文学的な分野に関しては問題がないだろう。しかし本来、感覚は主観的なものなので、専門的な議論に着目して調査してみると、難点が多数見つかる」。

　では古き良きテイスティングノートについてはどうだろうか？　トステ博士はこう語る。「テイスティングノートが大きな拠りどころとしているのは、テイスターが記憶する香りと風味、言外の意味と、何よりも比喩的な言葉である。素人から見ると、故意にあいまいな言い回しをしているように受け取られるかもしれないが、ワインを味わった経験を伝えるうえで、限定的とはいえ役立つ手段である。使われる言葉には、共感覚、換喩、隠喩など様々な比喩表現があり、テイスターの主観的な感覚経験をはっきり表現するうえで不可欠な道具だ」。

なぜ隠喩に頼るのか

エルネスト・スアレス・トステらは比喩的なワイン表現を様々なカテゴリーに分類した。生きものとしてのワイン、布地としてのワイン、建築物としてのワインなどである。こうした比喩表現は嘲笑されそうだが、必要があったからこそ生まれたのだ。ワインを味わった経験をもっと適切な言葉で伝えられたらよいのだが、正確な言葉がないのだ。しかも、テイスティングをして香りや風味の名前を挙げているばかりでは、もっと重要なワインの個性を伝えられなくなってしまう。例えば舌触り、ストラクチャー、バランス、そして優美さなどである。トステは、比喩表現がとりわけ役立つ状況を説明している。

「現在、私たちはストラクチャーと口当たりの表現に着目している。これらを表現するには布地の比喩が必要となるのが通例だ。テイスティングノートの読み手にとって興味深いのは、ひとつのワインが同じテイスティングノート上で、シルクとベルベットのいずれにもたとえられることだ。もちろん2つの用語はまったく異なっている。ここでは2種類の布地の隠喩を使って表現しているが、批評目的でいえばほぼ同じ意味である。つまり、なめらかで高級感があるということを意味しているのだ。シルクは新鮮さの強さを示し、白ワインによく使われる。ベルベットは温かみが強く、赤ワインによく使われる。とはいえ本質的には同じことだ。これは序章に過ぎない。シルクやベルベットといった布地の種類よりも興味深いのは、布地の隠喩が無意識に使われている点だ。例えば、このワインは縫い目がない、縫い目がほつれている、果実がタンニンのマントをまとっている、アルコール分をうまく身に付けている、重層的な果実がタンニンの核をくるんでいる、という具合に」。

ほかにもワインの認知言語学を研究してきた人物がいる。フランスの研究者、イザベル・ネグロが、ワインテイスティングにおけるフランス語の使われ方について調べたところ、共感覚的な表現が多いことに気づいた。その原因が、フランスには五感のすべてを駆使してワインを味わうべきだという独特の文化的視点があるからではないかとネグロは主張している。さらに英語と比較すると、フランスのワイ

ンスピークには、聴覚が呼び覚まされるという特徴がある。「ワインを味わうことが、音楽を聴く比喩にたとえられる。その証拠に、registre（音域）、harmonie（ハーモニー）、finale（終楽章）などの比喩表現がある。これはフランスのワインテイスティングにしかない特徴である」とネグロは言う。

　ここまで見てきたことから、優れたテイスティングノートと劣ったテイスティングノート、それぞれどのようなものと考えればよいだろうか？

　それはテイスティングノートの目的によって決まる。テイスティングノートを基準に、様々なワインの一覧から1つのワインを見つけ出せるようにするためか？　あるいはワインから、より卓越して感情に訴えてくる特徴をとらえるためだろうか？　大切なのは、私たちは、テイスティングノートによって、ワインから生み出された経験と感情を表現しようとしているのであって、単にワインに含まれる風味分子について書きとめようとしているのではないということだ。

　イギリスのワイン輸入会社ル・ケイブス・ド・ピレン社でバイヤーを務めるダグ・レッグはワインテイスティングについてこう語っている。「テイスティングノートは客観的な分析を事実上再現したものにもなりうるし（客観性に限界はあるが）、それを超えてワインの精神を追究し、ワインを味わっているときのテイスターの精神を探し求めるためのものにもなりうる」。さらに彼はこう言う（ここで彼の言うワインとは、第一に話題にする価値のあるワインであると仮定していいだろう）。「ワインとは、飲む人に語りかけてくるものでなければならず、その中には何らかの本質がなければならない。ありふれた商品などよりも高潔で優れた特性を備えているべきなのだ」。

　レッグは、ワインテイスティングを、卓越した瞬間が生まれるきっかけとなる経験であり、別世界へと連れていってくれるものととらえている。「この経験は五感を圧倒してしまう。『自然にあふれ出てくる力強い感情』の迫力に押され、その経験の本質とすばらしさは到底表現できない」。彼はワーズワースの詩を引用して、優れたテイスティングノートを書くことを詩作になぞらえている。「この感情が『静寂の中で呼び起こされ』たときにだけ、詩人もワインライターも、言葉を組み立ててその瞬間の真価を正当に評価できる。詩人にもライターにも必要なのは、表現しようとする事象や経験からそれぞれ一定の距離

ネグロはフランス語のワイン表現で使われる隠喩の種類を分類した。すると最も多く使われたのは、ワインの擬人化表現で476件、次は共感覚表現で147件、続いて食べ物へのたとえが70件、衣類へのたとえが45件、物体へのたとえが31件、そして建築物が28件だった

をおくことだ。そうすることによって、読み手と崇高な経験を分かち合えるような詩やテイスティングノートを生み出すことができる。この距離によって、詩人は、経験が自身の内に引き起こした『自然にあふれ出てくる力強い感覚』を再構築できるのだ」。

レッグは、一度に100本以上のワインをかき分けるようにしてテイスティングする場を好まず、これまでに何度もテイスティングの審査員を務めてきたことを悔やんでいる。「いつも幻滅するのが落ちだった。ワインが単なる商品に過ぎず、理解されるのではなく審査される存在なのだと思うとがっかりしたよ」。さらに彼は、自分が好むワインとの過ごし方を語った。「しいて言えば、実生活では友人と一緒に食事のおともとしてワインを飲むよ。そのときにもし度肝を抜かれるような一本があったら……、その場で簡単にいくつかの言葉を走り書きしておいて、後日テイスティングノートを書くときの参考にする。あとでその言葉を見れば、飲んだ経験を思い出せるんだ」。一方でレッグはこう語る。「そうはいっても当然、最初に味わった瞬間の印象は自分のエゴで修整されるし、時間というフィルターによってろ過もされる。そして最後には不正確な言葉によって粗雑なものになってしまう。味わった瞬間の興奮を、そのときと同じように再現することなど、できるはずがないんだ。酒の神ディオニソスが陶酔する瞬間を、理性と調和の神アポロンのように対応して再構成するようなものだ」。

レッグはこう結論づけている。「美しさは様々な形で表れる。偉大なワインは大きな反応と詩的な衝撃を呼び起こし、通常のワインを飲むとき以上の反応を私たちに追求させる。そして謙虚になることを教え、寛大になるよう導いてくれる。敏感な味覚があればそれだけでもワインを味わう満足感が得られるが、さらにすばらしいのは、ワイン経験をその次の段階に高めて、何かを得ることだ」。

匂いと風味を言葉で再現しようとするうえで悩ましい問題のひとつは、それらの名前を特定する難しさだ。すでに慣れた匂いでさえ苦労することがある。実験の結果、普通の人の場合、馴染みのある匂いでも正確に名前を特定できたのはわずか20パーセントから50パーセントだった（視覚的な識別実験の場合はほぼ100パーセントの的中率だった）。人は複数の匂いの差異を識別することはできる

が、的確な言葉を当てはめることはできない。他の状況であれば完璧に明確化できるにもかかわらず、うまくいかないのである。

　スウェーデンの心理学者ヨナス・オロフソンと彼の研究チームによると、私たちが匂いの名前を特定できないのは、匂いを嗅いでから口頭でそれを表現するまでにいくつものプロセス段階を経ることにより、匂いの情報信号の質が劣化していくからだという。ある研究でオロフソンらは、被験者に嗅覚的な手がかりと視覚的な手がかりを見せ、続いていくつかの言葉を示しながら、被験者の脳をスキャンした。オロフソンらが着目したのは被験者の反応時間だった。通常これは語義の不一致、つまり手がかりと言葉が一致するかしないかによって判断される。その結果、言葉と匂いを一致させるのにかかった時間は、言葉と画像を一致させるのにかかった時間より遅く、正確さも劣っていた。脳のどの部分が活性化するのかも調べ、匂い情報が処理されて言語化されるまでの経路が際立って特徴的であると結論づけた。オロフソンによると、匂いと言葉とを一致させるのが困難な原因は、脳の構造にあるという。

匂いを描写する豊かで特別なボキャブラリー

　この説に対して、オランダにあるラップバウト大学の研究者アシファ・マジットは反論している。マジットはマレーシアの狩猟採集民族、ジャハイ族とタイのマニク族について研究した。いずれの民族も匂いの語彙が欧米世界よりもはるかに多く、嗅覚経験に関して特殊な言葉がある。マジットと同僚のニクラス・ブレンハルトはジャハイ族とアメリカ英語を母語とする話者それぞれ10人ずつに対して調査した。するとアメリカ人に比べてジャハイ族の人は、まるで色を特定するかのように匂いを正確に特定できた。しかも色についてはさらに正確だった。基本的な用語は単一の匂い源ではなく幅広い対象に関わっていた。これは英語社会にやや欠けている点だ、とマジットらは言う。「ジャハイ族に見られる匂いへの文化的関心は、言語において匂いの符号性が非常に高いことと比例する」とマジットは言う。ということはジャハイ族とマニク族はワインの描写もうまくできるようになるのだろうか。マジットは懐疑的だ。

私たちが嗅ぐ匂いの大半は混合物だ。他の章でも何度か挙げたように、私たちは様々な匂いのパターンをひとくくりにして単一の匂いとしてとらえる傾向があり、混合された匂いから個々の匂いの特徴を嗅ぎ分けることができない。混合された匂いから人が識別できるのは3種類の匂いまで、あるいはせいぜい4種類までだ。匂いと言葉を一致させる作業が難しい原因は、匂い物質が脳内で表現される方法にあるのだろう

「日常生活で使う語彙と専門分野を区別することが大切だ。英語の話者は色に関して赤、緑、青、紫などの日常的な言葉を使うが、視覚アーティストが特定の色味を表現する際は、これよりはるかに特殊な言葉を使う。フランスの画家イヴ・クラインが考案したインターナショナル・クライン・ブルーがその一例だ。同様に、ジャハイ族もマニク族も精密な匂いの語彙をもっているが、それは彼らが日常で経験する匂いの語彙である。こうした一般的な用語はワインの微妙なニュアンスのすべてをとらえるには、やや不十分ではないだろうか。実験すれば立証できるが、まだ実施はしていない」。

フレーミングとワインテイスティング

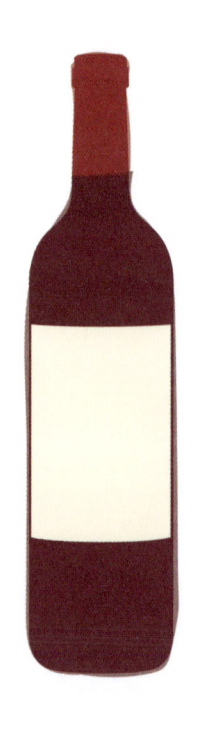

「フレーミング」とは、私たちが特定の事象をどう考えるかに影響を与える背景概念と視点を指す社会科学用語である。この用語を広めたのはアメリカの作家ジョージ・レイコフで、著書『Don't Think of an Elephant（象のことを考えるな）』（2004年、未邦訳）で、特定の言葉と考えがアメリカの政治論をどうフレーム化してきたかを考察している。例えば「税の軽減」という用語はフレーミング効果が強いという。

「『軽減』という言葉は、罪もないのに**苦しめられている人**がいるというフレームを想起させる。私たちはその人を、外的な苦痛の原因によって何らかの苦痛を抱えている人だと見なす。軽減とはそうした苦痛を取り除くことであり、何らかの苦痛を除去する存在によってもたらされる」。

　この理論はワインにどう当てはまるだろうか。言葉の使用とワイン経験を切り離しては考えられない。ワインの名称や使われるブドウ品種でさえ補足的な意味があり、私たちの経験に影響を及ぼすフレームである。例えばゲヴェルツトラミネール品種を毛嫌いする友人がいるとしよう。つまり彼女にとってこの品種名は特定の意味をもっているため、ゲヴェルツトラミネールのワインを飲むたびに、この品種名からフレーミング効果が生まれる。もし彼女がゲヴェルツトラミネールをブラインドテイスティングしてみれば、そんなフレームが生じることはなく、もっと自由にこのワインを楽しめることだろう。

あらゆる人が言葉とともにワインを経験し、言葉は経験そのものの解釈の仕方に影響をもたらす。「ゲヴェルツトラミネール」という言葉が一度頭に入ると、このワインがグラスに注がれたときに自分の知覚が影響を受けないようにするのは困難になる。言葉が、実際の経験に割り込んでくるのだ。このことは私のようなワイン専門家への警告だ。なぜなら、私たちには様々なワインのスタイルごとに表現のモデルがあるため、どんな種類のワインを味わっているのかを知ると、すぐさまそのモデルに飛びつこうとするからだ。

私たちが感覚による経験を熟考せずに、あまりにも早急に言葉による表現へと移ってしまうと考える研究者もいる。カナダのトロントにあるヨーク大学の博士研究員メラニー・マクブライドは匂いと味に関連する相互感覚学習に取り組んでいる。「匂いが最初の学習課題であり重要な側面をもつ経験とされている文化圏は、そうでない文化圏よりも匂いに関する言語や言葉が多い。それだけ優先度が高いからである」と彼女は説明する。さらに、「ピアジェの発達理論（スイスの発達心理学者ピアジェが子どもの認知発達を段階的に説明した理論）のような発達心理学の理論がまだ人の思考を支配している欧米世界では、物理的知識を子どもの段階で学ぶ初歩的なものととらえ、そこから抜け出して社会的知識へと発達していくと考えられている」と語る。

マクブライドの見解は、私たちの文化圏では感覚的な経験そのものからストレートに言葉へと移行するというものだ。この見解の意味するところはワインテイスティングでも明らかである。私たちは味わってすぐにワインスピークに飛びついてしまい、ワインの香りと味を知る経験をゆがめてしまう。そこで提案がある。次回ワインを飲むときは、すぐにテイスティングノートを書こうとせずに、少し間をおいて思いにふけってみるといいだろう。そのときはワインを分析しないでほしい。頭の中で言葉が形成されていくのを止めてみよう。そして実際の味とテクスチャー、香り、そして風味についてじっくり考えてみるといい。ワインがあなたに語りかけてくる時間をつくってやり、ワインを批判する技能は無視するのだ。そうしてから、言葉に手を伸ばそう。きっとこれまでのワイン経験と違うものになり、そのひとときをいっそう楽しめるようになると思う。

メラニー・マクブライドはイチゴの経験を例に挙げている。「（子どもの頃）私たちはイチゴを顔になすりつけたりグチャグチャにつぶしてほおばったりするのを止められた。これは、言葉や符丁、シンボルなどを使って行う知識との関連付けよりも、程度が低くて幼稚な方法だと考えられたからだ。したがって感覚段階が幼稚で病的なものと見なされると、私たちは基本的にその学習プロセスをやめてしまうが、本来は続けるべきなのだ」

ワインテイスティングは主観的か客観的か

　著名なワイン批評家たちの意見はしばしば驚くほど矛盾している。ワインテイスティングについてたずねると、まずたいてい、それは主観的なものだと断言する。味覚はその人自身の基準で判断すべきで、ワインを味わうことに関しては「間違い」などないと返ってくる。ところが、ワインテイスティングは客観的なプロセスであると彼らが信じているのも明らかだ。客観的だからこそ自らの専門性を強みとして利用し、一般の人から対価を受け取るのだ。この章ではワインテイスティングの主観性と客観性をめぐる様々な主張を見ていくことにする。

言うことと行いは別

　ありがちな話を思い浮かべてみよう。著名なワインライターが一般の人を相手に講演をしている。最後に参加者全員で数種のワインを試飲することになり、人々はグラスに注がれたワインの香りを嗅いだりすすったりし始める。ライターは参加者たちに「何を感じますか？」とたずねるが、みんなやや緊張して、自分の感想を口に出せずにいる。よくある場面だ。そこでライターは参加者を安心させようとしてこう呼びかける。「いいと思ったものを好きだと言っていいのですよ。他人の意見に従う必要はありません。ワインテイスティングは個人的なものです。正解も不正解もないのですよ」。

　この言葉に参加者たちの緊張がほぐれ、グラスを傾け始める。お喋りの声が大きくなってワインの量も増え、会が終盤に近づくころには少し騒々しくなってくる。そして終わる直前にライターが立ち上がって、自分が書いた本や有料ニュースレターの宣伝をし始める。ライターはワインに関する情報を売り、プロとしてワインの評価するのが仕事だ。ワインの情報を発信する真の目的は、消費者にどのワインを好きになったらいいか（あるいはおそらく、好きになるのか）を教

えることにある。となるとやはりワインの感じ方にはいくらか客観性
があるということなのだろうか。私たちワインライターの多くは、ワイン
の味わい方は主観的だと言いつつ、その一方で完全に客観的であ
るかのようにふるまってもいる。

　ロンドン大学のバリー・スミス教授は風味の知覚に大きな関心を
寄せている。「著名なワイン批評家はみな、延々といろんなことを教
え込んだあげくに、もちろん味は主観的なものだからすべては個人
の意見の問題だと言うと思います。ところが続けて、どのヴィンテー
ジが他の年よりもいいだの、どのドメーヌがいいだのとも言い始めま
す。これはどういうことなのでしょうか。もし主観的なものならば、な
ぜその批評家の意見をわざわざ気にしなければならないのでしょ
うか」。結局のところ、ワインライターはワインテイスティングを主観的
なものなどとは思っていないとスミスは考える。「私は彼らの言い
分、つまり表向きの言葉と実際にやることが相反していることに気
付きました。実際にやっているのは、どのドメーヌがいいとか、どの
シャトーがより優れたワインを作っているとか、どのヴィンテージが
すばらしいなどといったことについて模範的な評価と意見を言うこ
とです。つまり彼らは非常に明解な判断を下しているのです」とスミ
スは言う。ハーバード大学の科学歴史学の教授を務めるスティーヴ
ン・シェイピンはこう語っている。

　「現代の私たちがなすべき課題は、ワインのよさについて自分自身
の評価を形成することだと思う。すでに1950年代、ロシア系アメリカ
人の偉大なワイン商アレクシス・リシーヌは、通俗的な言葉を用いた
訓練を知っていた。彼は『最も好きなワインを飲もう。自分の味覚を
信じればいいのであって、他人から好みを押しつけられても従う必
要はない』と訴えた。他人の好みに服従するのは不条理である。自
分で評価する能力があるのだから、権威があるからといって他人の
意見に従う必要はない」。

好みと風味の知覚

　バリー・スミスはリシーヌと同じで、やはり、風味の好みと知覚とを
明確に区別するべきだと考えている。ここのところが、ワインライター

の陥りがちな落とし穴なのだ。スミスはこう主張している。

「批評家たちが訴える、すべては主観的という主張は、一般消費者の好みは主観的なものだという意味だろうと思います。しかし好みと知覚は分けて考えなければなりません。なぜ批評家たちは、例えば『これはミディアムドライなリースリングでも最高の部類に入る1本だが、自分の好みではない』という具合に表現できないのでしょうか。やろうと思えばできるはずです。自分がこのワインに期待するものに対して、ワインが何を目指しているのか、そして目指した通りの仕上がりかどうか、たとえそのワインが自分の好みではないとしても、判断はつくはずです」。

　もしワインテイスティングが完全に主観的だとしたら、ワインに関する意見はすべて等しく正当で、専門知識はほとんど無価値となる。誰もが専門家になり、批評家の勧めるワインは個人的で余計なものとされるだろう。ワインテイスティングの主観性と客観性の議論がまったく非現実的というわけではない。しかしそもそもなぜワインの味わい方の主観性と客観性を論じるのだろうか。私が思うに、ワインを評価するための理論的な基本をできるたけ正確に理解することが重要だからである。たとえそのためにワインがいっそう複雑なものに見えたとしても、である。ある対象を味わうという試験を受ける人がいる。その受験者がワインのプロだったら、試験はプロとして生きるうえで非常に大切な意味を帯びてくるはずだ。そうした試験の場を設ける側には明らかに、プロが行うワインテイスティングは客観的な行動だという前提がある。このことは間違いなく、ワインを味わうあらゆる人にとって意味をもつのではないだろうか。

主観性をめぐる議論

　前章までで、脳がどのようにして風味の知覚を生み出すのかを考えてきた。その本質についても考察し、私たちが見ている自分のまわりの世界は実はモデル（型）であり、現実によってもたらされる情報ではあるものの、現実と一致しないということも見てきた。さらに、人にはそれぞれ、風味知覚において生物学的かつ文化的な差異があり、同じワインを味わっても異なる体験になる場合があるということ

も話した。これらを踏まえ、アメリカの脳科学者ゴードン・シェファードの意見に目を向けてみよう。著書『Neuroenology: How the Brain Creates the Taste of Wine（ワインの脳科学：脳がワインの味を決める）』（2015年、未邦訳）の中で食べ物についてこう述べている。

「風味は食べ物の中には存在せず、脳が食べ物から創り出したものである。他の感覚系でも同じようなことが見られる。視覚を例に挙げよう。色は光の波長に存在せず、脳の視覚伝導路にある神経処理回路によって波長から生み出される。光の波長には反対色信号（人の眼は最初に3原色応答で色を感じ、それを反対色応答の信号に変換して脳へ伝達する）を生成する中心－周辺相互作用がある。同様に、痛みはそれを引き起こす針先や毒物といった原因物質の中にあるのではない。神経処理メカニズムと痛覚伝導路、そして感情を司る中枢回路によって作り出されるのである」。

　シェファードの説から推測すると、ワインの風味はワイン自体の属性ではなく、ワインとテイスターの相互作用の結果ということになる。

遠い昔の、動物が進化する前の地球を考えてみよう。現在なら風味化学物質と呼ばれるような化学物質は当時も存在したが、動物が進化する以前、その化学物質に何らかの風味があったのだろうか。例えば塩の風味とは塩の属性だろうか。動物が進化する以前には塩が風味を備えていたはずがないし、海も塩辛かったはずがない。なぜなら塩辛さとは、人間の知覚の属性であり、海そのものの属性ではないからだ

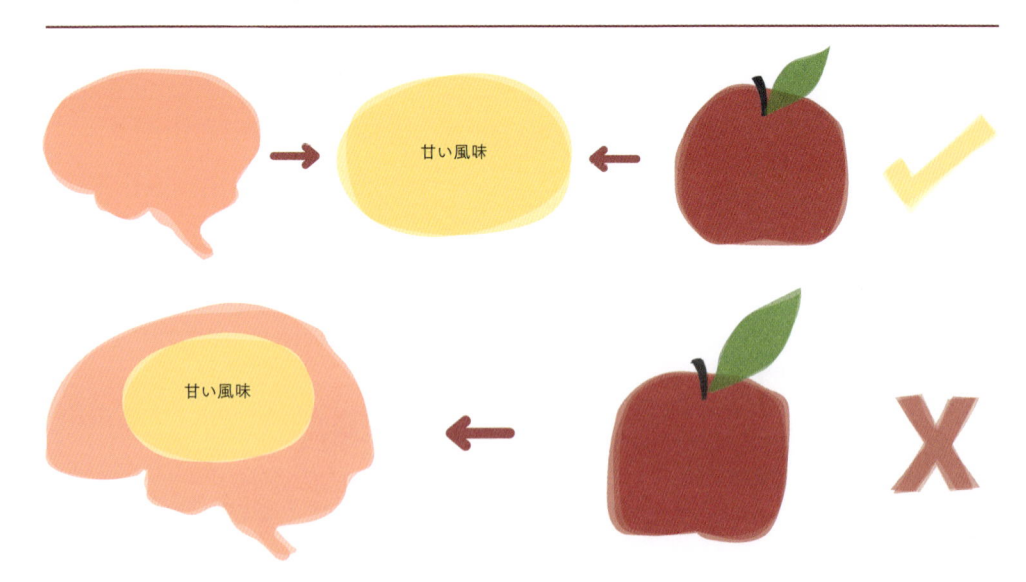

甘い風味

甘い風味

風味を創り出すのは脳ではない
客観性を保つため、化学とその知覚のあいだにひとつの段階が必要で、それが風味であるとする意見もあることを伝えておこう。

これは主観的に知覚される要素がもつ客観的属性である

風味は、脳内で多くの処理を経た末に、テイスターの意識的知覚の中にのみ存在する。

　生物が化学物質に対する感受性を発達させたのは、化学物質に反応する能力をもつことに有用性があったからだ。人間の風味知覚は進化の結果なのだ。化学成分は人間に対してのみ、匂いと味をもつ存在となる。なぜなら匂いを嗅ぎ、味を感じることができれば食べ物を選択するうえで便利だからだ。つまり化学物質の風味とは、人間によって与えられた属性なのである。

　このように、私たちがワインを味わう体験は知覚的な事象であり、脳内のどこかで創り出されたものだ。このような事象はワインの化学的属性によって起こるが、それは私たちの感覚が集めてきた情報が無意識的および意識的に処理されて解釈されたものである。2人の人間が同じワインを同時に味わっても、同一の体験をすることは不可能だ。なぜなら2人はそれぞれ遺伝子的に異なり、過去のワイン体験も異なっているからだ。そう考えると、ワインを味わうことは概ね主観的な経験だと結論づけてもよいかもしれない。

　バリー・スミスは長年にわたってワインテイスティングの主観性と客観性について考察してきた結果、ワインの知覚は主観的だという説に賛同している。「主観的だし、そのうえ変わりやすいです」と彼は言う。「味わう人によって変わるだけでなく、同じ人でも味わうタイミングや味わうときの状況や体調によって変化します」。けれども、主観性の存在が、ワインの風味が客観的である可能性を排除するという説まではスミスは受け入れていない。むしろワインの成分と知覚とのあいだに中間段階を導入することで、ワインの客観性説に救いの手をさしのべている。

　「主観性を主張するために、化学物質（揮発性のものと不揮発性のもの）に触れておきましょう。人はよく、化学物質の話から、ワインの感じ方がいかに多様であるかという話題へ進んで、こう尋ねます。化学物質からこれだけの知覚のバリエーションを生じる法則を人間はどのようにして手に入れたのでしょうか？　言い換えれば、客観的な味など存在しないということを意味しているのではないでしょうか、ということです。そこで私は、中間段階が必要だと答えます。化学物質と様々な知覚の間にもうひとつの段階が必要で、それ

こそが風味なのだと思います」。

化学物質と知覚の中間点としての風味

スミスはこの理論について詳しく語る。「風味は創発特性（システムを構成する個々の要素には存在せず、それらの要素が統合され、単一のシステムとして機能する際に生まれる性質）です。つまり風味は化学物質に依存するけれども、化学物質に還元できません。こうした性質をもつ風味というものを、私たちは多様で変化する知覚でとらえようとしているのです。個々の風味知覚はその風味の断片です。私たちが考える風味とは、決して安定することなどありません。風味の性質は時間が経つにつれて変化していくものです」。

スミスはこの風味を、中間段階に存在する可変の存在物と仮定した。つまり五感によって蓄積されたデータの保管場所の役割を果たし、そのデータを脳の知覚システムが評価するという仕組みだ。彼はこの理論を次のように説明している。

「中間段階については2つの厄介な課題があります。1つ目は、化学物質と、現れてくる風味の間にはどんな関係があるのかということ。2つ目は風味と各テイスターの風味知覚の間にはどんな関係があるのかということ。2つの課題は別々に取り組む必要がありますが、同じ終点にたどり着かなければなりません。中間段階があることによって、化学物質がどのようにして風味を生み出すかという課題と、自分のテイスターとしての経験が風味をどう追跡するかという課題が与えられるのです。このとき化学物質から知覚に向かってはいけません。つまり中間段階が必要になるというわけです」。

ワイン業界では、客観性は事実上、既成事実である。ワインコンテストに参加すれば得点によって表彰が行われ、私たちはテイスティングノートを見せ合う。ノートにはたいてい点数も書かれている。あるいはワイン関連の試験ではテイスティングも問題に含まれている。私たちは自分の専門知識を売りに出し、ワインを他の人々に勧める。そして友人たちとワインを飲むときはそのワインについて話し合う。こうしたことを見てくると、ワインテイスティングが主観的だとは到底考えられていないことがわかる

したがってスミスが提唱する風味の知覚には3つの段階（あるいは現実）の相互作用が含まれる。第1段階はワインの化学的属性で構成される。これは客観的な属性だ。ワインの化学組成は測定可能だし、1本のボトルを分け合って飲む場合、各グラスに注がれたワインの化学組成は同じである。何よりもこうした化学物質には味と匂いを有するものがある。

第2段階はワインの風味で構成される。これもワインの客観的属性だ。というのは、すべての風味活性化合物が1つにまとまってワイ

ンの風味を生み出すからである。ところがワインの風味を客観的とする説に反対する声もある。物質を知覚しなければ客観的な現実としての風味は存在しえないのだから、客観的属性ではないと反対派の批評家は主張する。

　第3の最終段階は私たち自身の風味の感じ方で、これは主観的である。なぜなら私たちはみな生物学的に異なるうえ、それまでのワイン経験も異なっている。風味知覚が主観的なのは、知覚は現実を模型（モデル）化するという仕組みで機能するだからだ。私たちはみな現実をそれぞれに模型化しているため、ワインの味を厳密に客観的に感じ取ることはできない。となると、知覚とワインの風味へと目を向けていかねばならない。とりわけ、主観的な知覚とワインの風味がもつ客観的属性がどの程度まで一致するのかに着目する必要がある。

　この理論の巧妙なところは、第2段階を考えたことにある。ここでは風味と構成する化学組成とを区別する。第2段階によって、ワインの風味を、個々人の感じ方とはまったくかけ離れた客観的属性と見なすことができる。この説をもってすれば、これまでに論じてきた根本的な矛盾点、つまりワイン業界の誰もが、ワインに対する主観的な反応を信じるべきだと促す一方、ワインの評価は非常に客観的なプロセスであるかのように振る舞っている点に対処できる。

「客観的な風味」を求めて

　スミスの3段階の説によれば、味はワインにあり、私たちは口に入れるときにそれを「手に入れよう」としていることになる。第3段階すなわち知覚だけが主観的であり、私たちが個人間で異なる風味知覚に対処する助けになる。

　ワインテイスティングを考えるとき、主観性の行き詰まりに陥るのを避けるためには、さらに2つのことを念頭に置くといい。まず、ワインに関する自分の知識が風味の感じ方に影響するということ。次に、私たちの味覚は順応性があり、馴染みのない新たな風味も味わえるようになるということ、である。私たちは共通の美的秩序の範囲内でかなりの程度まで共通したワイン知識をもっている。このような

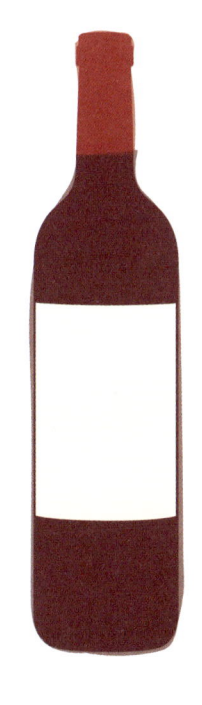

共通の知識体系のおかげで、他の人と同じ風味を経験できないという現実が引き起こす問題をいくつかは克服できるのだ。前の章で、ワインの言語が時とともに変化してきた様子をたどった。大きな進歩がやってきたのは、カリフォルニア大学デーヴィス校のワイン醸造学部でワインのアロマホイールが考案されたときだ。この発明がきっかけとなり、それまでの包括的で比喩の多い用語から、ワインを実際に構成する要素に着目した厳密な言語へと移行していった。ワインがテイスターに与える影響から、グラスに入っている液体の化学物質へと着目点が移ったのである。こうして突然、ワインのテイスティングノートは客観性を帯びるようになった。主観的なものにすぎなかった言葉から、はるかに科学的で厳密な響きのある言葉が使われるようになったのだ。この傾向は、ワイン批評家の台頭と100点満点の点数評価の開発とともに続いた。例えば、100点満点の評価システムは5つ星の格付け制度よりもはるかに正確性が保証されている。スティーヴン・シェイピンは2012年の論文「The Tastes of Wine: Towards a Cultural History（ワインの味：文化的歴史へ向かって）」でさらにこう述べている。

「客観性は、現代のワインの表現用語には不可欠である。ワイン消費者の多くが明らかに、実際にワインの構成要素から抽出された言葉に引きつけられているからだ。そして、複雑な主観的経験は、味や香りに関連する構成要素の集合体として扱われる。私たちはそのような構成要素をこそ、アスパラガスやイチジクのペーストや桃の皮といった記述語に抽出しようと考えるし、抽出してほしいと願っている。これで客観性を達成できたと結論づけるのは問題かもしれないが、客観性という考えが歴史の中央に登場したことには何らかの意味があるし、ワインの味と香りをこのように表現することは文化的な役割を担っている」。

ワインコミュニティによる教育

　ワインの飲み手である私たちは、他の人のテイスティングノートを読んだり、自分より経験豊かな人々とワインについて語り合ったりすることによって、その書き方を学ぶ。やがて私たちはワイン用語を発

達させるようになり、歩兵隊を整列させるかのように、記述語の一団をズラリと並べて、自分の感じ取ったことを表現しようとする。

　結論を言うと、個々の人間が風味知覚を形成するうえで、その人の生態と知識、そして過去の経験は重要な要素である。つまり、そうした活動に非常に主観的な要素があるということだ。その一方、私たちは、ワインテイスティングには共通知識（銘醸ワインを評価するための美的秩序）と共通経験（私たちが「好み」と呼ぶものが不変ではなく経験とともに変化し、専門家から高く評価された新しいワインを好きになっていくこと）も含まれることを理解している。こうした要素のおかげで個人間の知覚の差異を相殺できる。さもなければワインテイスティングとワインの評価は孤独な作業となってしまうだろう。

　とはいえ風味知覚に関するスミスの3段階説には反対の声もある。ニュージーランドの認知学者ウェンディー・パーはこのように主張する。

　「ワインのような複雑な飲み物に関して、テイスターのふるまいの合意モデル（人々が合意した規範や価値の内側でだけ行為が展開する場合、「秩序がある」と見なしてモデル化されたもの）に頼ってほとんどの感覚を分析するのは不適切だ。テイスターによる反応の個人差は、個人の生理機能や経験、知識が反映されるため、合意モデルの有用性には限界がある。さらには、ワインテイスティングに不可欠な味覚と嗅覚は、視覚と聴覚および三叉神経刺激よりもはるかに個人差が大きいことを示す研究結果もある」。

　この意見は、官能評価審査員を対象とする研究にたびたび取り組み、参加者の個人差に関する実地体験が豊富な専門家の意見だけに無視できない。そう言われてみれば、テイスターごとに生物学的な差異や、これまでのワイン経験あるいは試飲状況の違いがあるにもかかわらず、ワインの味について期待以上に多くの意見が一致しているのは確かだが、完全な一致はまだ不可能だった。純粋な実用レベルで、ワインをめぐるコミュニケーションで幅広い客観性を共有できれば、大いに役立つだろう。しかし、仮に完璧に理解できるような何らかの方法をもってしても、ワインから感じたものを共有でき、主観性の個人差を十分に補えるか否かは、まだわからない。

現在私たちがワインについて使用している言語は、言葉で表現することによって私たちのワイン経験に客観性をもたらす可能性がある。実際、私たちのワインをめぐるコミュニケーションは、発言の内容だけでなく、発言する頻度の点でも変化した（ワインの味わいについて以前よりずっと多くの文章が書かれるようになったのだ）。こうした変化自体が、私たちを後押しして、共通のワイン経験を分かち合う助けになってくれるのではないだろうか。ワインについて間主観的に話し合うことは、私たちのワイン経験を大きく左右するのだ

10

ワインテイスティングへの新たなアプローチ

　ワインに携わっている人は、現在のワインテイスティングの仕方を新鮮な目で見る必要がある。とりわけ批評家の役割に再び着目し、ワインの風味の化学で使われる概念を原点に立ち返って考えるべきだ。より豊富な知識と現実的な理論に基づいてワインテイスティングを行えば、ワイン業界に見られる特異性や衝突をいくらか減らすことができるだろう。本章では風味への新しい理解と脳の働き方を結び付け、この情報をワインの風味の化学に関する新しい概念と集約することにより、ワインの味を新たに統合していきたい。

感覚は複数あるのか、1つだけなのか

　私たちにはいくつの感覚があるのだろうか？　本書にまとめられた様々な話題から、極めて斬新な結論も引き出せる。すなわち、感覚は統一体である。これまでは、人にはそれぞれ別の感覚が5つあると考えられてきたが、すべての感覚（およびすべての知覚）を単一の感覚と見なす考えに変えた方がいい。というのも、意識は統一体であり、細分化された感覚ではなく、多くの要素が結びついた単一の感覚だからだ。確かに人はいつでも特定の意識に集中できるが、その一方で知覚、自分自身の知識、考え、記憶、そして感情はすべて同時に経験する。机に向かって書き物をしているとき、私は自分のいる環境や自分の体、そして心の中で起こっていることを自覚している。私の内的な風景は途切れなくつながった単一の意識だが、仕事中は自分が自覚するほぼすべての感覚信号をわきによけておくことができる。第7章で触れたように、脳は予測が得意であり、その予測と外的な現実が一致する限り、現実からの信号を無視して、重要なことがら、つまり脳の予測と一致しないことがらに集中できるのだ。

　次のような話を考えてみよう。あなたが通りを歩いていると突然、

ほとんどの人で意識の要素はすべて1つに統合されている。興味深いことに、重いてんかんを患い、脳の半球を分離する手術を受けた人は、ときおり同時に2つの意識を経験することがある

見知らぬ3人組に車のトランクに押し込まれ、彼らの隠れ家に連れていかれる。あなたは椅子に縛りつけられ、猿ぐつわをされ頭に袋をかぶせられてしまう。袋が外された瞬間、あなたは恐怖におびえるが、脳はすばやく働き出して予測をし、あっというまに今の状況と誘拐犯たちを関連付ける。そしてその場所の光景と匂い、猿ぐつわの味、誘拐犯たちの容貌と雰囲気、そしてあなたの感じる恐怖、こうしたすべてを記録する。あなたの考えと感情と知覚は1つの意識にまとめられ、すべての感覚からの情報が集約されて、継ぎ目のない全経験となる。あなたが感じる恐怖は次に起こりうる事態の予測によって増幅される。このとき脳は周囲の状況と事態の流れから次に起こりうる事態を予測し、どのように反応すべきか答えを出そうと働いている。受け取る情報と外界の動きを理解すると、あなたは怪我や死さえも予測する。ところが誘拐犯の1人が、あなたが狙った相手ではないことに気づき、あなたは解放される。科学者たちは異なる感覚ごとに分離して調べたがるが、あなたの恐怖の経験を振り返ると、私たちの経験の仕方はそうではないことがわかる。このような理解はワインテイスティングにも深く関わる。

　ワインとの理想的な接し方は1つしかないと考えるのは間違いで、ワインの味わい方もテイスティングノートの書き方も様々である。問題はその作業と取り組み方の組み合わせだ。ワイン業界の人間は分析的に味わうことに集中する傾向がある。ワインの正体を識別しようとし、その特徴を言葉でとらえようとする。これは難題で、さながら自然に表れてくる要素にあえて気付かないようにする作業だ。なぜなら通常は風味を感じ取ると、自分の気付かないうちに、脳が多くの感覚情報を処理するからだ。

様々なワインテイスティングの方法

　ワインテイスターは多種多様なタイプのワインの特徴を学び、各ワインの特徴の原型を作る。そしてその原型を、テイスティングをするうえでの指標として使う。第3章で、匂い「物体（対象物）」と風味「物体（対象物）」を脳内でどのように構築するかについて触れた。これは言い換えれば、周りの世界をどのように理解しているかということ

プロのワインテイスターはワインに問いかけて様々な特徴に着目しながら、そのワインがもっていそうな要素を探す。その過程で、ただ飲んでいるだけの人なら見逃しそうな細かい点にも気づくだろう。過去の経験が大いにものを言うのはこのときである

のように思われる。私たちは認識した対象を操り、特有な属性を与えて認識する。自動車を見ればすぐにそれが何であるかを認識し、自動車が期待通りの動きをすれば、それ以上はもう気にかけなくなる。

　私たちは幼いうちから様々な対象を識別して学習し始める。目新しい刺激とともに新たな対象が提示されるとそれを形づくる能力を、大人になっても維持し続ける。こうした対象のイメージを保存し、周りの世界を模型（モデル）化しながら、私たちは対象に歩み寄って手を加える。おそらくワインのプロは、様々な匂い物体あるいはワインのタイプを特定できる物体を、脳内で符号化しているのだろう。ワインを味わうとたいていの場合、こうした物質のいずれかですぐにワインを認識し、そのあとで詳細を書き入れる。例えば認知のうえでアクセス可能なソーヴィニョン・ブランの符号が私たちの脳内にあるとしよう。ソーヴィニョン・ブランだろうと思われる、あるいはそうだと知っているワインを味わうとき、その特徴を脳内から取り出す。このように専門家のワインテイスティングは原型に基づいて行われる。

　ワインを分析的に味わうには周囲の環境を整える必要がある。知覚を形づくるうえで状況と設定がいかに重要かはこれまでも触れてきた。テイスティングを分析的に行う場合にはこうした要素をできるだけ制御する必要があり、可能な限り偏りのない環境が望ましい。とはいえある程度までにしておいた方がいいだろう。例えば色による視覚的な手がかりを排除するために、黒いグラスを使ってワインを試飲すると、判断力が低下する恐れがあるということが実証されているのだ。

　ブルゴーニュ大学の認知心理学者ドミニク・ヴァランティーヌらが行った研究では、色がワインのプロの判断力にもたらす影響に着目した。フランスとニュージーランドのワイン専門家それぞれ23人に、黒いグラスを使って両国産のピノ・ノワールを味わってもらった。すると興味深いことに、黒いグラスが被験者の判断力を弱めてしまうという問題を引き起こした。プロといえども視覚からの影響がまったくないわけではなかった。このように、分析的なテイスティングを行うには、ワインの感じ方を左右するような外的影響を排除することが重要である。一方、できるだけ自然な環境で味わうことも大切だ。

ワインを飲む際の周囲の状況は、いやおうなしに知覚に影響をもたらす。これは、レストランでの食事を楽しめるか否かが、店自体の居心地の良否に左右されるのと同じだ

ワインの知覚は味わう環境に影響される

ワインテイスティングは食べ物の匂いや音楽、色付きの照明など、感覚を狂わせるような環境要素の影響を受ける。テイスティングには、余計な要素のない環境が最適である

テイスティング方法の不一致も望ましくない。分析的なテイスティングは、十分な照明のもと、余分な匂いのない環境で行うのが最も望ましい。ワインはそのスタイルに合った温度状態を保ち、適したグラスに注ぐ必要がある。音楽についても、ほとんどの人が流さない方がよいと思っているようだし、他にも気の散る要素ができるだけない環境がよい。

ロンドンにあるWSET（Wine & Spirit Education Trust）は世界屈指のワイン教育機関である。ここで教えられている体系化されたテイスティング方法は役に立つ。なぜならワインの初心者にとって、自分の味わっているワインについて感じ取ったものを言葉で表すのは非常に難しいからだ。WSETで使用する、体系化されたチェックリスト方式の手法は、ワインの様々な側面に注意を集中させ、テイスティングノートにワインの特徴を記録する助けとなる。ちなみにWSETはテイスティングノートで使える用語集も出版している。このような訓練は初心者の段階では有効だが、ワインの感じ方を単純化してしまう傾向が強い。さらに、調和や上品さ、バランスなどを判断することは困難だ。こうして行われたテイスティングの結果が、ワインの描写に表れることになるのだが、これはワインの真髄をとらえてはいない。なぜならワインとは構成要素すべてを包括したものだからだ。テイスターは腕を上げていくにつれて、体系化されたテイスティングノートの限界を知るようになり、より成熟した視点からワイン全体の真髄をとらえて記録する方向に向かう。

ワインのテイスティングノートを書くことは、泥棒や暴漢の特徴を警察に説明する行為にやや似ていて、とても困難だ。というのも、普段とは違う人の見方や脳の働き方をするからである。周りの世界を模型化してとらえると、私たち全員が信頼できない目撃者になってしまう可能性がある。なぜなら脳内で創り出される「現実」は、実際にそこにあるものによって後から知らされた現実だからである

ワインを楽しむためのテイスティング

何よりも楽しんで飲みたいのなら、分析的なテイスティングのほぼ正反対のやり方で飲む必要がある。本書では、ワインを味わうとき、化学物質以外の要素がいかに知覚を左右するかを考えてきた。ワインを楽しむには、あらゆる不確定要素を減らし、周りの環境を帳消しにしてワインを最大限に感じ取ろうなどとはせずに、環境をうまく利用して自分の方に合わせることだ。話の本筋からそれるが、グラスに入ったワインがもたらしてくれるのは、結局はその一杯分でしかない。私たちは、その一杯を味わうために、周りの環境から得られる刺

WSETのディプロマシステムによるワインテイスティング手法®

外観

清澄度/明るさ		澄みきったーくすんだ／輝きのあるー濁った(欠陥?)
色の濃さ		淡いー中間ー深い
色合い	白	レモングリーンーレモンー小金色ー琥珀色ー褐色
	ロゼ	ピンクーサーモンーオレンジーオニオンスキン
	赤	紫ールビーーガーネットー黄褐色ー褐色
その他の特徴		例:レッグ／涙、澱、微発泡、泡立ち

香り

健全度	はっきりしたー控えめ(欠陥?)
香りの強さ	軽いー中間(−)ー中間ー中間(＋)ー力強い
香りの特徴	例:フルーツ、花、スパイス、野菜香、樽香、その他
熟成度合い	若いー熟成中ーよく熟成したー過熟／飲み頃を過ぎた

味わい

甘味		辛ローオフドライー中辛ロー中甘ロー甘ロー非常に甘い
酸味		弱いー中程度(−)ー中程度ー中程度(＋)ー強い
タンニン	強弱	弱いー中程度(−)ー中程度ー中程度(＋)ー強い
	性質	例:熟してソフト　対　未熟で若く茎のよう、きめの粗い　対　きめ細かい
アルコール度数		低いー中程度(−)ー中程度ー中程度(＋)ー高い
		酒精強化ワイン:低いー中程度ー高い
ボディ		ライトーミディアム(−)ーミディアムーミディアム(＋)ーフル
風味の強さ		軽いー中程度(−)ー中程度ー中程度(＋)ー力強い
風味の特徴		例:フルーツ、花、スパイス、野菜、樽由来の風味、その他
その他の特徴		例:テクスチャー、バランス、その他
		スパークリングワイン(ムスー):繊細ークリーミィー攻撃的
余韻		短いー中程度(−)ー中程度ー中程度(＋)ー長い

意見をまとめる　品質の評価

品質レベル	欠陥ー貧弱ー普通ーよいー非常によいー卓越している
評価の理由	例:ストラクチャー、バランス、凝縮感、複雑さ、余韻の長さ、テロワール

飲み頃の評価／熟成の可能性

飲み頃の評価／熟成の可能性	若すぎるー飲みごろだが熟成により進化する可能性ありー飲みごろで熟成には不向きー古い
評価の理由	評価を下した理由の例:ストラクチャー、バランス、凝縮感、複雑さ、余韻の長さ、テロワール

ワインの情報

産地／品種／製法	例:産地(生産国あるいは地域)、ブドウの品種、製法、気候の影響
価格帯	安価ー中間価格ー高価ー高級ー最高級
年数	年数や生産年ではなく数字で回答すること

受講生への注意事項:選択肢がハイフンで分けて表記された行は選択肢から1つだけ選ぶこと。「例」で始まり、選択肢が読点で分けられている行は受講生が記入するであろう例を示したものである。受講生はすべてのワインに対して各選択肢についてコメントする必要はない

WSETのディプロマのワイン用語集：WSETのディプロマシステムに準拠したテイスティング手法®

第1アロマ／風味用語群：ブドウ自体がもっている風味

重要な質問キーポイント	表現用語	
風味は 繊細かアロマティックか、シンプル／中間あるいは複雑か、一般的か特徴的かフレッシュか乾燥、加熱感があるか、未熟か熟しているか過熟か	フローラル	アカシア、スイカズラ、カモミール、エルダーフラワー、ゼラニウム、花盛り、バラ、スミレ、アイリス
	青い果実	青リンゴ、赤いリンゴ、グースベリー、洋ナシ、洋ナシのキャンディー、カスタードアップル、マルメロ、ブドウ
	柑橘系の果実	グレープフルーツ、レモン、ライム（果汁または果皮?）、オレンジピール、レモンピール
	核果	桃、アプリコット、ネクタリン
	トロピカルフルーツ	バナナ、ライチ、マンゴー、メロン、パッションフルーツ、パイナップル
	赤い果実	赤スグリ、クランベリー、ラズベリー、イチゴ、サクランボ、レッドプラム
	黒い果実	黒スグリ、ブラックベリー、キイチゴ、ブルーベリー、ブラックチェリー、ブラックプラム
	ドライフルーツ	イチジク、プルーン、レーズン、サルタナレーズン、キルシュ、果実の砂糖漬け
	草本性	青ピーマン（トウガラシ属）、芝生、トマトの葉、アスパラガス、黒スグリの葉
	ハーブ類	ユーカリ、ミント、薬、ラベンダー、フェンネル、ディル
	刺激的なスパイス	黒胡椒、白胡椒、リコリス、セイヨウネズ

第2アロマ／風味用語群：発酵や醸造過程で生まれる風味

風味は 酵母由来か、MLF（マロラクティック発酵）由来か、樽由来またはその他か	酵母（オリ、自己分解、フロール）	ビスケット、パン、トースト、ペストリー、ブリオッシュ、パン生地、チーズヨーグルト
	MLF	バター、チーズ、クリーム、ヨーグルト
	樽香	バニラ、クローブ、ナツメグ、ココナツ、バタースコッチ、トースト、ヒマラヤスギ、焦がした樽、スモーク、樹脂
	その他	スモーク、コーヒー、火打石、濡れた石、濡れたウール、ゴム

第3アロマ／風味用語群：熟成によって生まれる風味

風味は 人工的な酸化か、フルーツ由来か、瓶熟成に由来するか	人工的な酸化	アーモンド、マジパン、ココナツ、ヘーゼルナッツ、クルミ、チョコレート、コーヒー、トフィー、カラメル
	フルーツ由来（白ワイン）	乾燥アプリコット、マーマレード、乾燥リンゴ、乾燥バナナなど
	フルーツ由来（赤ワイン）	イチジク、プルーン、タール、ブラックベリーのコンポート、ブラックチェリーのコンポート、イチゴのコンポートなど
	瓶熟成（白ワイン）	石油、灯油、シナモン、ショウガ、ナツメグ、トースト、ナッティ、シリアル、マッシュルーム、干し草、ハチミツ
	瓶熟成（赤ワイン）	なめし革、林床、土臭い、マッシュルーム、ジビエ、ヒマラヤスギ、タバコ、植物、濡れた葉、コク、ミーティ、農家の庭

その他：甘味、酸味、タンニン、アルコール度、テクスチャー

より完璧な表現のための予備的用語	甘味	硬い、やせた、ドライ、なめらか、過度に甘い、べたつく
低い—中間—高いなどの代わりに使用しないこと	酸味	ぴりっと酸っぱい、草のよう、酸っぱい、すっきりした、刺激的、弱々しい
	アルコール度数	繊細、軽い、薄い、温かい、強い、生き生きとした、焼けた
	タンニン	熟した、ソフト、未熟、草のよう、茎のよう、粗い、チョーク、ざらつき感、きめ細かい、シルキー
	テクスチャー	石のよう、鋼鉄のよう、ミネラル感、オイリー、クリーミィ、口中を覆うよう

第1アロマ／風味用語群：ブドウ自体がもっている風味

ワインの構成要素のバランスはどうか	ストラクチャーのバランス	酸味、アルコール度数、タンニン　対　風味、糖分
	その他	・強烈さ、余韻の長さ　　・表現力 ・複雑さ、純粋さ　　・熟成による可能性

受講生への注意事項：WSETのディプロマのワイン用語集はテイスティングのヒントを与えるための手引書であり、総合的な教科書として作られているわけではないので、暗記して盲従する必要はない

激をすべて加える必要がある。そうしたものがあってこそ、いっそう楽しめるのだ。

　分析的なテイスティング、楽しむテイスティングに続く3つめの味わい方は批評家のようなテイスティングだ。有能な批評家となるためには、一般の人はワインを分析的な視点で見ているのではなく、楽しむために飲んでいるということを念頭に置く必要がある。とはいえ批評家は往々にして膨大な種類の似たようなワインを味わわなければならない。その場合、違いを見きわめ、品質に応じて格付けをするために、ある程度は分析的にテイスティングをすることも求められる。優れた批評家は、分析的テイスティング用に設定された状況にいながら(もちろんスピトゥーンも置かれている)、一般の人がワインを飲むであろう自宅やレストランといった自然な状況を推し量る術を身につけている。

批評家のようにワインを味わうには主に2つの技術が必要となる。1つ目は正確に味わい、そこにある要素を描写する技術。2つ目は、批評的にワインを評価する能力。つまり、よい味か劣った味かを評価する「審美眼」である

優れたテイスターになるには

　第6章で、生まれつき他人よりもワインテイスティングの才能に恵まれた人がいるのか、それともこれは努力すれば向上させ磨き上げることのできる技術なのかについて考えた。暫定的結論ではあるが、嗅覚と味覚が正常に機能する限り、誰でも優れたテイスターになれる可能性があるといわれている。感覚は鍛えれば磨くことができるということを裏付ける証拠もある。これには、経験していることを理解する助けとなる、感受性の強化や認知能力の向上も絡んでくる。また、訓練によって嗅覚力が向上することも実証されている。ただし、専門家も初心者も匂いを特定する能力は同程度だと示す研究例も多数ある。またワインを表現する用語を身につけると、ワイン体験をより効果的にとらえ、他の人と共有できるようになるだけでなく、感じ取るものにも変化が現れる。脳内に保存された、ワインごとのひな型のようなものが、テイスティングのやり方を組み立てて、グラスの中に何があるかを探る助けになるのだ。

　私は、ワインに尋ねて直接情報を得ることに強い信頼を寄せている。ジャーナリストやトークショーの司会者がいい質問を繰り出せば、おのずと明確でおもしろい答えを引き出せるのと同じだ。一般

の人と専門家が同じワインを飲み合ったとする。仮に2人が同じように鋭い感覚の持ち主であったとしても、味わい方は大きく異なるだろう。専門家はより多くの要素をワインに見つけ、感じ取ったものをより明快に表現できるはずだ。専門家はグラスに入った液体を1つにまとめて解釈する方法を習得している。さらに、同じような種類のワインを味わってすでに身につけている知識を駆使して、感じ取ったものと結び付ける能力がある。

西洋世界では匂いの役割が衰退したと言われているが、これは文化的な現象であり、世界規模で生物学的に人間の嗅覚が衰えたわけではないことをプロのワインテイスターが証明した。こうして考えると、匂いをより重視して、匂いにより注意を向け、匂いに関する用語をより発展させれば、さらに多くを得る可能性があることが示唆される。

ではどんな訓練をすれば優れたテイスターになれるのだろうか。ワインの感じ方は多様だが、感覚情報の大半は匂いからもたらされるのだから、ぜひとも匂いに注目してみる価値がある。自分で嗅覚を鍛えるには、できるだけ多くの匂いを嗅ぐ必要がある。嗅覚の記憶を向上させるためには、ワインに関係のある様々な匂いを習得しなければならない。アン・ノーブルの考案したアロマホイールは様々な香りをまとめた「標準」サンプルセットとして利用できる。しかもこれは家庭で用意できる素材ばかりだ。このように方向性の定まった訓練を熱心に行い、周りの環境の匂いを嗅いでいけば、必ず成果が得られる。もちろん多くのワインを味わってテイスティングノートに記録し、ワインを表現する語彙を増やすよう積極的に努力してもいかなければならない。そのためには、1人でなく他の人と一緒にワインを飲んで話し合い、彼らのテイスティングノートから学ぶといいだろう。誰のノートが最もよくワインの特徴をとらえているだろうか。あなたの前に置かれたワインの要素を他の人々はどのように描写するだろうか。そしてあなた自身はそのワインから何を見出すだろうか。ブラインドテイスティングももちろんだが、銘柄を知ったうえでのテイスティングもしてみよう。ときには同じワインを最初はブラインドで、次に銘柄を明らかにして味わってみよう。これは非常に効果的な方法だ。そして何よりも、自分自身のひな型をもち、それを味わっているワイン

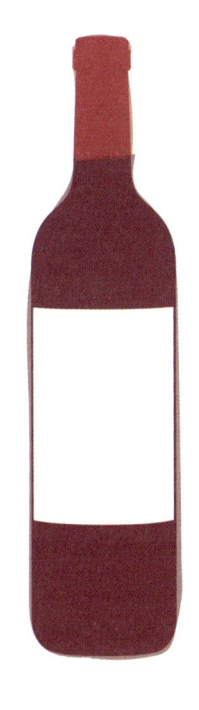

ワインを評価するとき、鍵となる問いが2つある。1つ目は、ワインに標準的な味があるのか、つまり、世界的に幅広く支持されている最高のワインがあるのか？ 2つ目は、理想的な批評家の役割を満たす批評家がいるのか？

に当てはめてみよう。ただし必ず目の前のワインを実際に味わって、ワインに話をしてもらうことが大切だ。優れたインタビュアーはたいてい、話上手というより聞き上手である。だからワインにはいい質問を投げかけ、ワインが答えてくれるまでじっくり待っていてほしい。

理想のワイン批評家の条件とは？

これまで見てきたように、ワインは分析しながら飲んでも、楽しみながら飲んでもどちらでもかまわない。ではワインの権威を自認する批評家が他の人に特定の品質のワインを教えたり、すすめたりすることはどう考えたらいいのだろうか？

18世紀のイギリスの哲学者デヴィッド・ヒュームは美的な基準をどのように定義するかという問題に取り組み、真の美というものはあるのか、よい趣味と悪い趣味をどのように区別するのかという疑問を投げかけた。話題となった論文「Of the Standard of Taste」

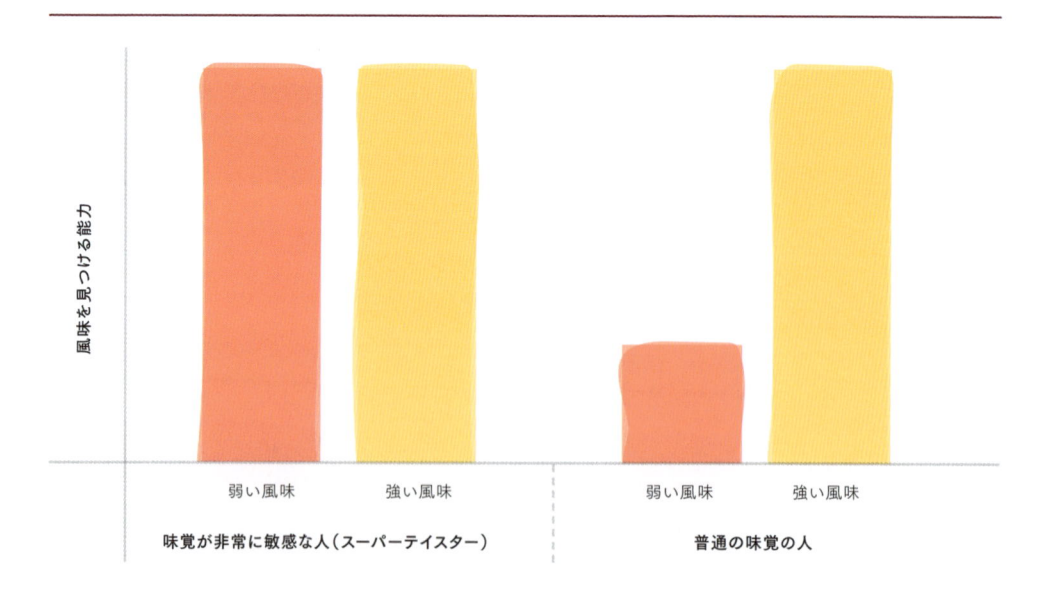

味覚が非常に敏感な人（スーパーテイスター）　　普通の味覚の人

（縦軸：風味を見つける能力）
（横軸：弱い風味　強い風味／弱い風味　強い風味）

味覚が非常に敏感な人と普通の味覚の人の対比

このグラフは味覚が非常に敏感な人と普通の味覚の人とを比較し、風味の経験がどのように異なるかを示している。敏感な人は風味を強烈に感じ取るため、必ずしも理想的な批評家ではない

（1757年）で、世界で初めて趣味と美における真の基準として彼が考えた理念の概要をまとめた。つまり「理想の批評家」に求められる資質を論じたものである。ヒュームによると、優れた批評家は5つの要素を合わせ持っていなければならない。すなわち「強い感覚、繊細な感情との一体化、鍛錬による向上、比較による完成、あらゆる偏見からの自由」である。この中でワインテイスティングをする批評家の目を引く要素は、「感情（あるいは味覚）の繊細さ」である。

ヒュームは「味覚の繊細さ」について、『ドン・キホーテ』の有名な逸話を例に説明する。物語の中で従士サンチョが、自分はワインの利き酒には自信がある、これはわが一族の代々の特性なのだ、と語る。サンチョが言うには、親族の2人がかつて、年代物でたいへん上質だろうとされる大樽入りのワインについて意見を求められた。1人が味見をしてじっくりと考えをまとめてから、これはよいワインだ、ただしかすかに感じられた革の味がなければ、と話す。もう1人も慎重に考えてから、このワインはよいワインだと言うが、すぐに感じ取った鉄の味については黙っていた。2人の判断がどんなに笑われたかは想像できまい。しかし最後に笑ったのは誰だろうか。空っぽになった樽の底には細い革ひもの付いた古い鍵が見つかったのだ。

ヒュームは、（この引用例の場合）鉄と革のようにわかりにくい要素を見きわめる能力が、理想的な批評家に求められる重要な条件であり、大脳で感知する味の基礎であると主張している。優れたワイン批評家は風味の微妙な違いを区別し、良いワイン造りという文脈の中でその微妙な違いを理解できる。こうして見ると優れたワイン批評家は、確立された、細かな美の基準に敏感な優れた芸術批評家に似ている。

では理想的な批評家は、私たちとは違い何を備えているのだろうか。私たちは、ワイン批評家には洗練された味覚、十分な知識、偏見からの自由といった要素を身につけていて欲しいと望むけれども、その一方で、批評家の評価をそのままワインの特性と見なすかどうかははっきりしない。というのも、どんな人でもワインをテイスティングするときには何かしら持ち込むからだ。極力偏らないようにして、自分の好みは横に置こうとする批評家でさえも、評価するときにはある程度「自叙伝」（主観）の影響を免れないだろう。

個人の反応が変わることの問題点

　　ヒュームは、美学とは客観的事実の見きわめの問題であると主張したが、必ずしもそうではない。イギリスのリーズ大学で哲学と美学の教授を務めるマシュー・キーランは、私たちの反応がわずかに変わるだけで効果的な結果をもたらすことになると指摘する。
「識別能力と反応がわずかに洗練されただけで、芸術作品（ワインも同様）を鑑賞する経験をすっかり変えるような影響がある。しかも私たちはみんな、よくこうした経験をしている。私は以前、モンドリアンの中後期の作品に対して、優れたグラフィックデザインだが、線と色が平面的に配置されただけの作品で、どうしてこれが際立って価値のある芸術作品と見られているのか不思議だった。しかし一旦彼の作品のいくつかを、絵画空間に抽象概念を客観化させて表現した作品として鑑賞できるようになると、私の体験構造は変化し、少しもよくないと評価していたのがすっかり変わって非常に優れた作品だと評価できるようになった」。

味覚の変化：好みはいかに進化するか

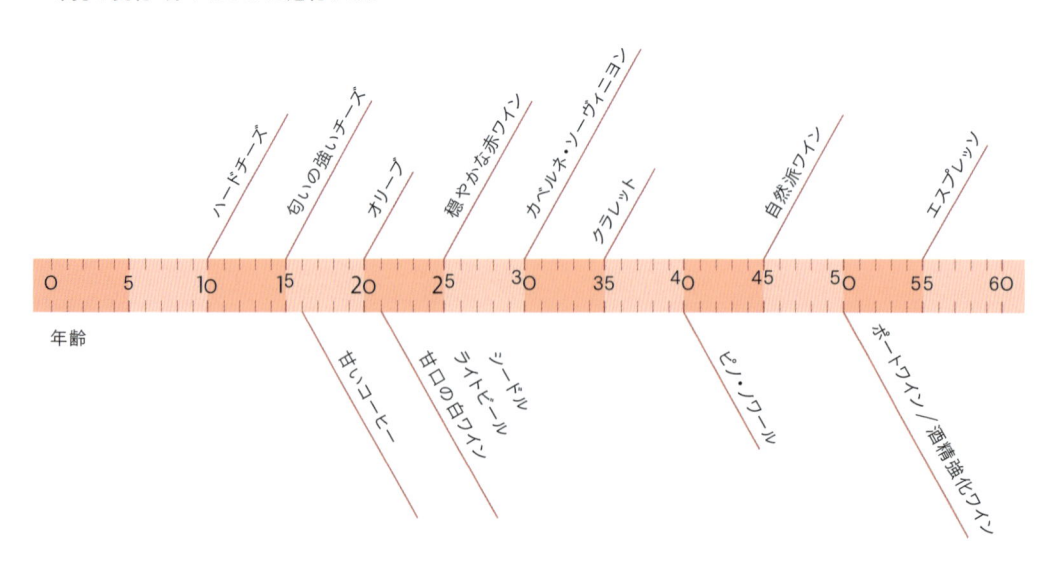

キーランは、「理想的な批評家」という概念には問題があると主張している。理想的な批評家は、個人間の味の基準を確立することはできないからだ。また彼は、時間とともに私たちの観点が変化することを挙げて、理想的な批評家に対して個人内の視点から反論している。「創造的共感力を寄せる対象を、それまで共感をもちにくかった人々や社会集団、民族にまで拡大すれば、彼らに対する考え方を示した作品の鑑賞や評価に大きく影響を与える可能性がある」。

　キーランは、時間とともに変化するのは美的感性だけでなく、ものごとの鑑賞についても「段階」的に変わっていくと主張する。このような個人の芸術的評価の流動性を考えると、果たして理想的な批評家を見つけられるかどうか疑念が生じてくる。

　同じことがワインにも当てはまりそうだ。ワインの旅を進めていくうちに、好みが変わる。またその時々において様々なワインとの関係を作り上げていく。それはさながら失敗に終わる浮気のようなものだ。例えばアルザスのゲヴェルツトラミネールに初めて出会ったあなたは、驚くほどエキゾティックな相手に大興奮する。そしてあなたは発見段階に入る。この段階ではゲヴェルツトラミネールのことを隅々まで知り、関係を深めていく。ところがある日リースリングも好きになり、こちらを飲む量が増えていくにつれて、ゲヴェルツトラミネールの魅力は徐々に薄れていく。やがて関係は壊れ、あなたは「ごめんなさい、ゲヴェルツ、悪いのはあなたではなく、私の方。私が変わったの」などと思いながらゲヴェルツトラミネールに別れを告げる。

　理想的なワイン批評家は秀でた美的感性に基づいてワインを模範的に評価しているというが、人の移り気な傾向を考えると少々疑問だ。批評家の役割を狭めてしまうが、私はその方がはるかに望ましいと考えている。もちろん批評家はワインのガイド役としては役に立つ。とりわけ彼らの美的秩序に私たちが共感でき、彼らの好みとスタイルの判断が私たちと一致する場合はありがたい存在だ。とはいえ批評家がワインに対して完全に客観的な判断をくだすことは期待できない。

　私たちの鑑賞体験（対象が文学作品か音楽かワイン家にかかわらず）は、審美的特徴の発達の仕方に影響されるとキーランは主

ヒュームの説を基準に考えた理想的なワイン批評家像の是非の判定には時間がかかりそうだ。ある批評家が特定のワインを上質だと言うと、仲間も同様の評価をするはずだし、その批評家を支持する大多数がそれに賛同する。もし理想的な批評家についての説をワインに応用するとすれば、最高のワイン批評家は際立って精密な能力をもち、その評価は事実を極めて客観的にとらえた意見だということになる

張する。ワインに関しては、あるワインを好むようになると、他のワインを好きになりにくくなるものだ。キーランによれば、変化と突然の別れはしばしば審美的特徴の発達段階で起こり、ある対象を急に好きになると、他のものを嫌いになるという。審美的特徴の発達段階には、感情的および個人的な歴史が関わってくる。「このように、ある対象の鑑賞の仕方は、その対象への思いを明らかにするだけでなく、私たち自身をも明らかにすることになりうる。特定の個人をささない一種の匿名的な鑑賞と評価は神話として見られるから、批評自体に影響を与えるだけでなく、芸術的価値を固定化する標準な見方にも影響を与える。もし鑑賞がこのように個人的になり得ないのなら、相対的に芸術作品を秩序立てるメリットを固定化する、個人的な特異性を奪われた人が理想的な鑑賞者だという考えは意味がない」と彼は言う。

私たちの対象への評価が次第に変わっていくというのに、批評家は絶対に評価を変えたりしないなどと言えるだろうか。誰しも、好きな文学作品や音楽の好みは変わっていくものである。たいていは、こちらのタイプを好むようになるとあちらへの興味が薄れていく

　ヒューム自身は、人の好みがいかに多様で時間とともに移り変わるかを認識していたし、私たちの好みが普遍的で公平な批評をする妨げになることもわかっていた。

「ある人は荘厳さを好み、別の人は恋愛劇を好み、もう一人は冗談を好む。ある人は欠陥に非常に敏感で、完全無欠であることに非常にこだわる。別の人は美に関してより陽気な感覚をもっており、ばかげたことが多くても寛容で、高尚なものや悲劇的な衝撃を避ける。この種の人間はもっぱら明快で活力あふれるものに耳を傾け、豊かで調和のとれた表現に喜びを感じる……。喜劇や悲劇、風刺劇、そして頌歌、それぞれに愛好者がいて、特定の作品タイプを他よりも強く好む。しかし批評家が特定の種類やスタイルの作品を偏愛し、それ以外を非難するのは明らかに間違っている。とはいえ自分の気質や傾向に合った対象をえこひいきしないようにするのはほぼ不可能だ。そうした嗜好に悪意はなく、避け難いものであり、議論の対象にもなりえない。なぜならそもそも基準などないからだ」。

　アメリカの認知学者フランシス・レイヴンはオンライン雑誌『Contemporary Aesthetics（現代の美学）』の2005年の記事で、味覚が非常に敏感な人（スーパーテイスター）は、ヒュームの意図する理想的な批評家の有力候補になれるかという疑問を投げかけている。スーパーテイスターはほぼ間違いなく極めて敏感な味覚の持ち

主だ。しかしそれゆえに却って「理想的な」テイスターにはなれないのではないかというわけだ。彼らは強い風味を好まないために、自然と、タンニンのようにワインに含まれる一部の要素に対して好ましい評価を下せないのではないだろうか。

　レイヴンは、適切な「味覚教育」を受ければ、スーパーテイスター特有の生物学的な偏りを克服し、結果として理想的な批評家になれると主張している。しかしもし彼らの評価能力が、個人的な好みによって単純化されたら、スーパーテイスターとしての抜きんでた能力は、財産でもあるが同時に重荷となる。問題は、ある対象が個人的には好みでないからといって、はっきりと非難していいのかということだ。批評家は、個人的嗜好と批評家としての嗜好をなんとか切り離して、好みではない対象もゆるぎない公正な視点で評価できるのだろうか。ワインを味わうことが、学習により後天的に獲得される味覚であることを考えると、教育によって嗜好を平均化できる。つまり生物学的な偏向があっても、教育によって、個人的な嗜好の限界を超えて批評的に味わう能力を身につけることができるのだ。そう

例えばナパ・ヴァレー産のカベルネ・ソーヴィニヨンのワインを飲む機会があったとする。収穫期が遅かったために甘味と過熟感、ジャムのような風味が感じられ、アルコール度数は15.5度以上あり、酸味が強く、明らかに新樽が使われ、しかも熟成期間が長過ぎたと確信できる特徴があったとする。もし私がこのワインを低く評価したら、それは個人的な嗜好に依存したことになるのだろうか。それともこのスタイルはすばらしいと意見を述べることが批評家としてなすべき仕事の一端なのだろうか。ワインには異端的なスタイルもあるのだろうか

外観の評価：まだ若い白ワイン

第1印象：香りと味はどうか

考える：スタイルと品種は何か
例：ソーヴィニヨンかシャルドネか

ソーヴィニヨンの典型的な特徴に照らし合わせてみる：グラッシー、青草、トマトの葉、青ピーマン、レモンやグレープフルーツなどの柑橘類、ハーブ、中果皮、黒スグリ、グースベリー

最も適合する用語を選ぶ

再度ワインについてまとめる：
どんな香りと風味があるか

テイスティングノートを書く

であれば、個人的嗜好と批評家的嗜好を切り離すことが可能である限り、優れた味覚をもったスーパーテイスターはやや有利となるだろう。

よいワインの基準をどのように決めるか

　いよいよ、どんなに心の広いワイン批評家でもスタイルを基準にして判断を下さざるを得ない段階に来た。たとえそのスタイルが好みでなくても、種類ごとによいワインと劣ったワインを分類することはできるという声もある。私は樽香の強いリオハをあまり好きではないのだが、それでももし複数のリオハの評価を頼まれたら、プロらしい作法で評価をすることができればいいと願っている。他にも、私は嫌いだが他の人々が好んでいるワインを評価する場合もある。そんなときは個人的嗜好を交えずに評価することはなかなか難しい。

　ワインは簡単に整理して分類できるものではない。しかし同業者仲間と自分との間では、どのワインが優れ、どれが劣っているかの判断基準がかなり似通っていることがわかっている。一般的な市販ワインの品質の評価はどちらかというと容易に判断できる。しかし銘醸ワインの領域となるとぐっと複雑になってくる。美的秩序の領域に入ってくるのだ。ワインの判断については、分類棚にきっちり分けるような方法ではなくベン図のような、複数の円を重ねた図を思い浮かべて考えるのがよいだろう。

　ワインの知覚に関して客観性を保てる要素があるとすれば、ワインの鑑賞力は生まれつき備わっているのではなく、主に学習によって身につくものであるという点だ。プロである私たちは通常、ワインを味わう旅に一人きりで旅立つわけではない。他の人とともに味わい、時に助けてもらいながら、他の人々がどう考えているかを読み取る。当然ながら、たいていの人にとってワインは単にワインであり、正直なところ日常的な市販ワインについてはほとんど語るべきことがない。といってもそうした種類のワインや扱っている人を非難しているわけではなく、ワインについて話すにあたって、市場を区分しておく必要があると言っているのだ。

　すなわち、ワインの市場区分に応じて異なる法則が当てはまるの

だが、銘醸ワインとなると、美的秩序の重複が問題を引き起こす。例えば平均的なヨーロッパの人の味覚と平均的な北米の人の味覚は大きく異なる。話はどうしても一般論になってしまうが、赤ワインの好みに関して言えば、アメリカ人は、甘くてフルーティーで、熟した果実味となめらかなストラクチャーの感じられるタイプを好む。一方、ヨーロッパ人は甘味が控えめで新鮮味がありアルコール分は弱め、そしてコクのあるひねりが感じられるタイプを好む。ふたつの地域から集まったプロが同じワインを一緒に飲むとたいてい、個々の好み以上に、明らかに大西洋をはさんで2つのグループに分かれるのだ。

　例えば、ワインをめぐる前代未聞のできごととなった「パリスの審判」の30周年を祝って、2006年の5月にロンドンとナパ・ヴァレーで同時に試飲会が行われた。「パリスの審判」とは、1976年にパリで開かれたブラインドテイスティングの試飲会で、カリフォルニア産ワインがボルドーやブルゴーニュのワインよりもフランス人審査員団に高く評価され、以来、カリフォルニア産ワインがワインの世界地図に記されるきっかけとなった歴史的な事件だ。競争というよりはお祝いの意味で30年前を再現するテイスティングを行ったところ、アメリカ人の審査員団はヨーロッパの審査員団よりも、熟成感と甘味の強いワインを好んだのである。また、アメリカ人の同業者たちと一緒に味わうと、赤ワインの熟成感をめぐっていつも意見が分かれていた。ところがワイン文化のグローバル化が進んで地域による分断が解消していくにつれて、こうした事態は変わってきた。最近では誰もが世界各地を行き来するようになり、若い世代（ワイン用語では50歳以下を指す）の間には銘醸ワインについて国際的に共有できる文化が育ってきた。とはいえこれはあくまで銘醸ワインに限ったことであり、日常的なワインに関するルールはまったく異なる。

　味は文化と切っても切れない関係にある。人によって生物学的な個人差があるのは間違いなく、この点は無視できない。しかしさらに重要なのは、風味の知覚は学習されるということだ。人間の脳は対象を、操作できる環境で知覚する。すると感覚処理がずっと速く効率的になる。このようにして、生物学的な個人差には、ワインを学ぶという間主観的なプロセスによって克服できる部分もある。例えば、北欧系を先祖にもつ男性の7パーセントは緑と赤を識別でき

ない色盲だが、それほど苦労があるようにも思われない。これは主に、乳児の段階から環境の中で対象を知覚することを学ぶからだ。これまで見てきたように、人間は単なる計測機器ではなく、感覚処理には多くの段階があり、異例な対象は受容体のレベルで補って知覚することができる。「普通の」大人が急に色を識別できなくなると混乱するが、そもそもこうした色の経験のない人が識別できなくなっても同じように気づくわけではない。

　幅広い意味での文化的な味の概念についても考える必要がある。これは不変ではなく、芸術や音楽と同様、ワインの味の傾向も時間とともに変化していく。味に関して判断することもワイン批評家の役目である。彼らが適切に判断すれば一般の人はそれに従う。しかしもし批評家が文化的に幅広い意味での味から逸脱したら、誰もついてこないだろう。特定の批評家が特定のワイン愛好家たちから支持されるのもまた事実であるし、他の批評家のワイン評を信用する人たちもいる。

ワインテイスティングとコミュニケーションはどう変化するべきか

　本書ではワインテイスティングのあらゆる側面について考えてきたが、ここまででどのような結論が得られるだろう？　ワインの味わい方とワインについてのコミュニケーション方法にはどんな変化が必要だろうか？　ここでいくつか提言したい。

　第一に、私たちは言葉がいかに大切かを自覚する必要がある。また、言葉がワイン経験に及ぼす影響についても注意しなければならない。経験を形づくるうえでの言葉の重要性についてこれまで注目してきた。その中で、専門家が自身の経験を定義付けして形成することでワインを評価する場合、言葉の使用も含めた認知的な方法が、どれだけ影響を与えるかについても触れた。言葉はワインの理解を深める手助けをしてくれるが、あまり早急に言葉を使い始めると、私たちの実際の経験を妨げ、経験をゆがめてしまうこともある。

　次に、風味の知覚における個人差の程度を認識しておく必要があるが、同時に、あまり大げさに考えないほうがいい。個人差は知

覚に関わるが、教育を受け、ワイン経験を共有できるコミュニティに参加することによって、ある程度までは克服できる。知覚の個人差をまったく無視してしまったら、ワインについて伝え合うのに問題が起こるだろう。ワインの教育では、知覚の個人差がさらにしっかりと考慮されるべきだ。ワイン市場ではすでにこの点に目を向けているが、その可能性は未開拓だ。

　風味の知覚における個人差だけでなく、個人のうちにも差異があることを知っておく必要がある。ワインについて学び進めていき、特定のワインに接する機会が増えるにしたがって、私たちの味覚は変化していく。これは極めて大切なことだが、しばしば見落とされてしまう。味わうときの状況、つまり、ワインの周囲にあるすべての要素がワインの知覚に与える影響も重要だ。ワインのプロである以上、テイスティングを行う環境に左右されるはずがないと思うかもしれないが、実は私たちはかなり影響される。どうしてもこうした要素を取り除くことはできないのだ。

　最後に、私たちが経験している現実は、自分自身で創り出しているものだということを知る必要がある。この考えにはぎょっとして不安になるかもしれないが、私たちはそれぞれに自分だけの現実を創り出していて、風味もその1つなのだ。私たちは単なる計測機器ではない。多くのものを持ち込みながらワインをテイスティングしている。ワインを楽しむことも評価することも一種の共同事業であり、私たちは積極的な役割を担っている。ワインテイスティングは思っていたほど単純ではないが、こうした複雑さがあってこそ、いっそう豊かな体験となりうるのだ。

ワインの喜びとコミュニケーション

　イギリスの作家イーヴリン・ウォーの『回想のブライズヘッド』（小野寺健訳、岩波書店、2009年）は1930年代が舞台の作品だ。その中に、ワインの楽しみと味を言葉で表現しようとする場面が書かれたすばらしい一節がある。物語の語り手であるチャールズ・ライダーは、友人のセバスチャン・フライトの家族が住むブライズヘッドの屋敷でともに過ごしたのどかな夏の日々を回想する。彼らが一緒にワ

インを見つける場面は、これぞまさにワインの風味体験の描写と言える名文だ。

「わたしたちは何本も、あらゆる種類のワインを上へ運ばせた。こうして毎日セバスチアンとともに過ごした静かな夜にわたしは本格的にワインを知るようになり、のちに長いあいだつづいた不毛の歳月のあいだ自分を支えてくれることになった、豊かな実りの種をこのときにまいたのだった。セバスチアンとわたしはあの「絵の間」で、テーブルの上に栓を抜いた瓶を3本ならべ、それぞれの前にグラスを3つずつ置いてすわった。セバスチアンがどこかから、ワインの味わい方についての本を見つけてきたので、わたしたちはそこに書いてあることを忠実に守った。ろうそくの火でグラスをわずかに温めてから3分の1ほどつぐと、ワインを回すように揺する。両手でくるむようにしながら灯にかざして眺め、香気を吸いこみ、すすり、口一杯にふくむと、コインの真偽をたしかめるときカウンターの上で鳴らしてみるのと同じように、舌の上で転がす。それから首をのけぞらせて、喉をつたうのにまかせるのだった。それがすむと、今のワインについて論じながら、バース・オリバーのビスケットをかじり、つづいて次のワインに移る。それからまた最初のワインにもどってさらに別のワインに移るという具合にやっているうちに、3種類のワインがぐるぐるまわってつながり、グラスの順序もわからなくなって、どれがどれだという言い合いになり、2人のあいだでグラスをやりとりしているうちに6つのグラスが一緒になって、ついには瓶を間違えたために違ったワイン同士がまじってしまい、結局はまたそれぞれが新しいグラスを3つずつ出してきて始めからやりなおしになる。そのうちには瓶も空になって、ワインを讃える2人の言葉も、ますます正気の沙汰とは思えないものになっていくのだった」。

「……これはカモシカのようにおびえた目をしたワインだ」
「アイルランドの女房たちの手伝いをする、あの親切な妖精さ」
「タペストリーに描かれている牧場で、まだらな日差しを浴びているというところだ」
「静かな流れのかたわらで聞く笛の音だね」
「……こいつは老いたる賢人かな」

「洞穴の預言者さ」
「……こいつは白きうなじにかかる真珠の首飾りだ」
「白鳥だな」
「最後に生きのこった一角獣さ」

　これがワインだ。その美しい液体は文化とおもしろみに恵まれ、変化をもたらす力のおかげで私たちは自由にそれを楽しみ、問いかけ、数多くの側面を探求することができる。つかまえて手なずけようとしても頑としてはねつけてくる。屈服させて支配し、科学的に響く用語をあれこれと使って客観的な印象を捻り出そうとしても、大きな岩にぶつかって終わる。

　それでも私たちは、どんなにあざ笑われても近位感覚（自分自身の体に関する情報を得ることができる感覚）である味覚と嗅覚、そして触覚を総動員して、再び立ち向かう。これらの感覚では真の美的鑑賞は不可能だとされていたが、私たちはいまや自分たちが間違っていたことがわかってきた。やがてワインは、近位感覚によって鑑賞する芸術の典型と見なされるようになるかもしれない。くじけずにワインを理解できるよう努力し、限界を超えてワインを完全につかまえてみよう。

　しかし最も大切なことは、ワインテイスティングの学習は間主観的な構成要素を多く含み（私たちはみんなワインを飲んだ体験を人に話すのが大好きだ）、知覚そのものの理解を変える力になってきた。これこそが、本書で最後に伝えたいことである。

用語解説（五十音順）

甘味
多くのワインは残留糖を含む。残留糖によって甘味は増えるが、甘さの感じ方は酸味に左右される。例えば酸味が強く、1リットル当たり約10グラムの糖を含むブリュット（生のまま）シャンパンはかなり辛口だ。これに対して同じ濃度の糖（通常は濃縮ブドウ果汁として添加される）を含む無発泡性赤ワインには独特の甘味がある

亜硫酸塩
酸化防止のためにワインに添加される。発酵中に酵母の働きで生成されることもある。ほとんどのワインで、特に瓶詰め段階に添加される。亜硫酸塩を添加しないワインは不安定なので、注意して扱わなければならないが、うまくいけば素晴らしい風味のワインとなる

うま味
アミノ酸の一種、グルタミンによって与えられる美味しい味

エレガント
風味の主張が控えめで、いくつもの風味が溶け合って繊細で上品に仕上がったワインをエレガントという。熟成を経てエレガントなワインになる

感覚特異性満腹
あるものが十分足りている状態を満腹といい、特に問題になっている物質についてだけ満腹の状態を感覚特異性満腹という。例えばステーキをおなかいっぱい食べて、さらにチョコレートなら食べられる状態

還元
鼻をつく揮発性硫黄化合物の濃度がしきい値以上になることによって起こるワインの欠陥。適切なワインで適切な量含まれればよい影響をもたらすので、ワインの欠陥の中でも複雑な問題の1つである。還元状態のワインは腐った卵、マッチ棒、ニンニク、焙煎したコーヒーの匂いがする

客観的
ワインテイスティングの結果（知覚）がワイン（物体）の特性と直接結びつけられる場合、そのワインテイスティングは客観的である。客観的な結果は知覚者からは独立しているけれども、テイスターのグループでは共有される。「主観的」も参照

嗅覚受容体
鼻の神経細胞の膜にあるタンパク質。匂い分子の特徴を認識し（今のところメカニズムはまだ解明されていない）、電気信号を発する。電気信号は脳に伝わり、処理されて匂いとして知覚される

高次処理
経験していることを脳内で知覚するために、感覚器官を通して得られた感覚情報の中から有用な情報だけを抽出して処理する過程

酸化
醸造中に過度の酸素に触れたり、ボトル詰め後に栓が酸素を透過しすぎて生じる、ワインの欠陥。また酸化はリンゴ臭や、変色（白が濃い色になり、赤はレンガ色や茶色を帯びる）、ナッツやキャラメルの香りなどを表すときにも使われる

酸味
揮発性酸と不揮発性酸に起因する、ワインの味の重要な構成要素。ワインはおもに酒石酸とクエン酸を含む。原料となるブドウに酒石酸が十分量含まれない場合はワイン製造中に添加することが多い。揮発性酸である酢酸濃度が高くなりすぎたワインは失敗とみなされる。少量の酢酸はワインに芳香と甘い香りを与える。酸は口の中ではキリッとした印象を与え、少なすぎると締まりのないワインになり、多すぎると酸っぱいワインになる

渋み
口の中の水分が奪われたり、口をすぼめたりする感覚。タンニンなどの化合物によって起こる。渋みを感じるメカニズムについては48ページ参照

主観的
個人の考えや意見に影響を受けること。知覚の対象ではなく、知覚者の見方に基づく知覚は主観的である。ワインテイスティングは私たち自身の見方に依拠し、他の人に共有されることを期待していないため、どちらかというと主観的とされている。「客観的」も参照

スーパーテイスター
プロピルチオウラシルやフェニルチオカルバミドといた苦味物質を感じる能力の特に高い人。4人に1人がスーパーテイスターだが、タンニンなどの化合物を鋭く感じ取ってしまうため、最高のワイン批評家に必ずしも求められるというわけではない

ストラクチャー
ワインの風味の骨格を表す。赤ワインのストラクチャーはタンニンと酸味、白ワインのストラクチャーは酸味だけである。ストラクチャーのしっかりした若いワインが長期間の熟成に耐える

樽熟成
ワインは樽の中で熟成させることが多い。樽熟成には2つの効果がある。1つ目は、樽に含まれる香り成分（バニラの香りのラクトン、お香や煙のような香りのグアイアコールなど）がワインに移ること。2つ目は、樽で熟成させると微量の酸素に触れるためワインにいい影響を与えること。白ワインは、木の香りをうまくまとめるために樽で発酵させることが多い。赤ワインを樽で発酵させることもあるが、皮が付いてタンニンを含むためさじ加減が難しい

タンニン
タンパク質と結合する植物由来の化合物の総称。ブドウの果皮に含まれるタンニンはワインの中で複雑な行動をする。タンニンは収れん味とわずかに苦味があり、口の中に乾燥した感覚を引き起こす。滅多にないが、果皮と一緒に発酵させない限り、白ワインにタンニンが含まれることはない。大事なことだが、赤ワインに過剰のタンニンを加えてはいけない。ワインのバランスが崩れてしまう

知覚
感覚器官で受け取った情報を処理して、まわりの環境に対する心的表象を作ること

抽出
ぶどうの果皮からタンニン、色、様々な風味化合物を取り出す工程

調和
すべての要素が滑らかに溶け合っているワインを「調和のとれた」ワインという

テクスチャー
ワインを口に含んだときの質感。豊かな、滑らかな、絹のような、何層にも重なったような、などと表現される

テロワール
ワインの中に現れる土地の特徴を意味するフランス語。通常はブドウの育つ環境に起因する

ドサージュ
スパークリングワインの製造でオリ抜き（デゴルジュマン。二次発酵で死んだ酵母細胞を固めて除去する工程）の後に加える砂糖液。ワインの最終的な甘さを決定する。シャンパンでは砂糖液として砂糖を加えたワイン、樽発酵ワイン、ブランデーなどが使われる

匂い物質、匂い化合物
匂いを放つ分子

苦味
ワインは苦味を含むことがある。苦味が好ましいワインもある。タンニンを感じると苦味ととらえることが多い

乳酸菌
ほとんどの赤ワインと多くの白ワインで二次発酵（マロラクティック発酵）を起こす菌。ワインの風味に大きく影響する

認知
感情的な作用とは対照的な、思考、知覚、判断、推理に関する精神的作用

バトナージュ
樽やタンクの底に沈んでいる死んだ酵母（オリ）を撹拌する工程。風味や質感が増す。また酸素を除去する作用もある。樽を開けて撹拌すると酸素が混入してしまうので、酸素と接触すること

なく同様の効果を得るために樽を開けずに転がすこともある

美学
美や、よい味、悪い味を追究する学問分野。ワインを美学の対象とすることの是非については議論がある

風味
食べ物や飲み物の味わい。風味には味、匂い、触感、外観、さらに音といった要因が関わる。味覚、嗅覚、触覚、視覚、聴覚などが合わさって風味を知覚する

フェロモン
行動応答を引き起こす匂い分子。動物では一般的だが、人間には性フェロモン感知器官（鋤鼻器）がないため効果が疑問視されている

ブラインドテイスティング
銘柄を隠してワインをテイスティングすること。銘柄はわかっているけれども、どのグラスに注がれているかは伏せられている「シングルブラインド」と、目の前にあるワインに関する情報が何もない「ダブルブラインド」がある

ブレッタノミセス（ブレット）
発酵終了後の赤ワインでよく増殖する酵母。農場の匂いを醸す。少量であればある種のワインを魅力的にするが、高濃度になるとどのワインも同じ味にしてしまう。ワインの醸造においてはブレッタノミセスは大きな問題となる。熟成中に pH が高かったり、亜硫酸塩を添加しなかったりすると増殖しやすい

フロール
ワイン酵母サッカロミセス・セレビシエがワインの成分を餌にして作る、ワイン（とくにフィノやマンサニーリャといったシェリー）の表面に浮く厚い膜。サッカロミセス・セレビシエはこれらのシェリーの典型的な香り（ナッツ、リンゴ、塩）を作る

マセラシオン
発酵前、発酵中、発酵後のいずれかでブドウの皮や種から風味化合物やタンニンなどの成分を抽出するプロセス。

赤ワインはすべてマセラシオンを行い、皮と果肉を接触させて赤色にする。接触時間の長さや、ポンプによるワインの循環といった物理的工程の有無によって色とタンニンがワインに溶け出る程度が決まる

マロラクティック発酵
乳酸菌によりリンゴ酸が乳酸に分解されるプロセス。酸味を減らす効果がある。乳酸以外の微量成分も生成して味わいを変えることもある。バターの香りのするジアセチル（必ずしも好ましいわけではない）もその1つ。マロラクティック発酵はほぼすべての赤ワインと一部の白ワインで起こる

無嗅覚症
何の匂いも感じない病気。匂いが分からないと驚くほど不自由であり、鬱になる人も多い

余韻、後味
ワインを飲み込んだり吐き出したりした後、口の中に風味の残る長さ。味が悪くない限り、一般に余韻の「長い」ワインは良いワインとされる。「短い」余韻は、風味が急になくなってしまうワインに対して、好ましくないというニュアンスで用いられる。ワイン批評家は、とくに言うことがないワインに対して余韻の長さを取り上げることが多い

揮発性硫黄化合物
揮発性硫黄化合物には鼻につく匂いがあり、還元というワインの欠陥を引き起こす。「硫化物」は揮発性硫黄化合物全般を表す包括的な意味で用いられることもある

2,4,6-トリクロロアニソール（TCA）
コルク汚染の主な原因となる化合物。湿った段ボール臭や古いワイン貯蔵室のようなカビ臭をワインに与える。コルク汚染については 97 ページ参照

参考文献

書籍

Allhoff, F. ed., 2009. *Wine and Philosophy: A symposium on thinking and drinking.* John Wiley & Sons.

Burnham, D. and Skilleås, O. M., 2012. *The Aesthetics of Wine.* John Wiley & Sons.

Burr, C., 2004. *The Emperor of Scent: A true story of perfume and obsession.* Random House Incorporated.

Classen, C., Howes, D., and Synnott, A., 1994. *Aroma: The cultural history of smell.* Taylor & Francis.

Cytowic, R. E., 1993. *The Man Who Tasted Shapes.* Jeremy P. Tarcher

Frith, C., 2013. *Making Up the Mind: How the brain creates our mental world.* John Wiley & Sons.

Huron, D. B., 2006. *Sweet Anticipation: Music and the psychology of expectation.* MIT Press.

Sacks, O., 1998. *The Man Who Mistook His Wife for a Hat: And other clinical tales.* Simon & Schuster.

Shepherd, G. M., 2013. *Neurogastronomy: How the brain creates flavor and why it matters.* Columbia University Press.

Smith, B. C. ed., 2007. *Questions of Taste: The philosophy of wine.* Oxford University Press, Inc.

Spence, C. and Piqueras-Fiszman, B., 2014. *The Perfect Meal: The multisensory science of food and dining.* John Wiley & Sons.

Stoddart, D. M., 1990. *The Scented Ape: The biology and culture of human odour.* Cambridge University Press.

論文 - Chapter 1

Beeli, G., Esslen, M., and Jäncke, L., 2005. Synaesthesia: When coloured sounds taste sweet. *Nature*, 434(7029), pp.3838.

Bor, D., Rothen, N., Schwartzman, D.J., Clayton, S., and Seth, A. K., 2014. Adults can be trained to acquire synesthetic experiences. *Scientific Reports*, 4.

Colizoli, O., Murre, J. M., and Rouw, R., 2012. Pseudo-synesthesia through reading books with colored letters. *PLOS One*, 7(6), p.e39799.

Dael, N., Perseguers, M. N., Marchand, C., Antonietti, J. P., and Mohr, C., 2006. Put on that colour, it fits your emotion: Colour appropriateness as a function of expressed emotion. *Quarterly Journal of Experimental Psychology*, 69, pp.1–32.

Demattè, M. L., Sanabria D., and Spence, C., 2006. Cross-modal associations between odors and colors. *Chemical Senses*, 31(6), pp.531–538.

Deroy, O. and Spence, C., 2013. Why we are not all synesthetes (not even weakly so). *Psychonomic Bulletin & Review*, 20(4), pp.643–664.

Gilbert, A. N., Martin, R., and Kemp, S. E., 1996. Cross-modal correspondence between vision and olfaction: The color of smells. *The American Journal of Psychology*, pp.335–351.

Gottfried, J. A. and Dolan, R. J., 2003. The nose smells what the eye sees: Crossmodal visual facilitation of human olfactory perception. *Neuron*, 39(2), pp.375–386.

Levitan, C. A., Ren, J., Woods, A. T., Boesveldt, S., Chan, J. S., McKenzie, K. J., et al, 2014. Cross-cultural color-odor associations. *PLOS ONE*, 9e101651.

Maric, Y. and Jacquot, M., 2013. Contribution to understanding odour–colour associations. *Food Quality and Preference*, 27(2), pp.191–195.

Morrot, G., Brochet, F., and Dubourdieu, D., 2001. The color of odors. *Brain and Language*, 79(2), pp.309–320.

Palmer, S. E., Schloss, K. B., Xu, Z., and Prado-Leon, L., 2013. Music-color associations are mediated by emotion. *Proceedings of the National Academy of Sciences.* 110, pp.8836–8841.

Parr, W. V., White, G. K., and Heatherbell, D. A., 2003. The nose knows: Influence of colour on perception of wine aroma. *Journal of Wine Research*, 14(2–3), pp.79–101.

Schifferstein, H. N. and Tanudjaja, I., 2004. Visualising fragrances through colours: The mediating role of emotions. *Perception*, 33(10), pp.1249–1266.

Spence, C., Richards, L., Kjellin, E., Huhnt, A. M., Daskal, V., Scheybeler, A., Velasco, C., and Deroy, O., 2013. Looking for crossmodal correspondences between classical music and fine wine. *Flavour*, 2(1), pp.1–13.

Watson, M. R., Akins, K. A., Spiker, C., Crawford, L., and Enns, J., 2014. Synesthesia and learning: a critical review and novel theory. *Hum Neurosci.* 2014 Feb 28; 8:98.

Chapter 2

Buck, L. and Axel, R., 1991. A novel multigene family may encode odorant receptors: A molecular basis for odor recognition. *Cell*, 65(1), pp.175–187.

Bushdid, C., Magnasco, M. O., Vosshall, L. B., and Keller, A., 2014. Humans can discriminate more than 1 trillion olfactory stimuli. *Science*, 343(6177), pp.1370–1372.

Chaput, M. A., El Mountassir, F., Atanasova, B., Thomas-Danguin, T., Le Bon, A. M., Perrut, A., Ferry, B., and Duchamp-Viret, P., 2012. Interactions of odorants with olfactory receptors and receptor neurons match the perceptual dynamics observed for woody and fruity odorant mixtures. *European Journal of Neuroscience*, 35(4), pp.584–597.

Chrea, C., Grandjean, D., Delplanque, S., Cayeux, I., Le Calvé, B., Aymard, L., Velazco, M. I., Sander, D., and Scherer, K. R., 2009. Mapping the semantic space for the subjective experience of emotional responses to odors. *Chemical Senses*, 34(1), pp.49–62.

Gangestad, S. W. and Thornhill, R., 1998. Menstrual cycle variation in women's preferences for the scent of symmetrical men. *Proceedings of the Royal Society of London B: Biological Sciences*, 265(1399), pp.927–933.

Garver-Apgar, C. E., Gangestad, S. W., Thornhill, R., Miller, R. D., and Olp, J. J., 2006. Major histocompatibility complex alleles, sexual responsivity, and unfaithfulness in romantic couples. *Psychological Science*, 17(10), pp.830–835.

Gilad, Y., Wiebe, V., Przeworski, M., Lancet, D., and Pääbo, S., 2004. Loss of olfactory receptor genes coincides with the acquisition of full trichromatic vision in primates. *PLOS Biol*, 2(1), p.e5.

Matsui, A., Go, Y., and Niimura, Y., 2010. Degeneration of olfactory receptor gene repertories in primates: No direct link to full trichromatic vision. *Molecular Biology and Evolution*, 27(5), pp.1192–1200.

Meister, M., 2015. On the dimensionality of odor space. *Elife*, 4, p.e07865.

Running, C. A., Craig, B. A., and Mattes, R. D., 2015. Oleogustus: The unique taste of fat. *Chemical Senses*, p.bjv036.

Wedekind, C., Seebeck, T., Bettens, F., and Paepke, A. J., 1995. MHC-dependent mate preferences in humans. *Proceedings of the Royal Society of London B: Biological Sciences*, 260(1359), pp.245–249.

Chapter 3

Brochet, F. and Dubourdieu, D., 2001.
Wine descriptive language supports
cognitive specificity of chemical senses.
Brain and Language, 77(2), pp.187–196.

Castriota-Scanderbeg, A., Hagberg, G. E., Cerasa, A., Committeri, G., Galati, G., Patria, F., Pitzalis, S., Caltagirone, C., and Frackowiak, R., 2005. The appreciation of wine by sommeliers: A functional magnetic resonance study of sensory integration. *Neuroimage*, 25(2), pp.570–578.

O'Doherty, J., Rolls, E. T., Francis, S., Bowtell, R., McGlone, F., Kobal, G., Renner, B., and Ahne, G., 2000. Sensory-specific satiety-related olfactory activation of the human orbitofrontal cortex. *Neuroreport*, 11(4), pp.893–897.

Pazart, L., Comte, A., Magnin, E., Millot, J. L., and Moulin, T., 2014. An fMRI study on the influence of sommeliers' expertise on the integration of flavor. *Frontiers in Behavioral Neuroscience*, 8(358).

Plassmann, H., O'Doherty, J., Shiv, B., and Rangel, A., 2008. Marketing actions can modulate neural representations of experienced pleasantness. *Proceedings of the National Academy of Sciences*, 105(3), pp.1050–1054.

Polak, E. H., 1973. Multiple profile-multiple receptor site model for vertebrate olfaction. *Journal of Theoretical Biology*, 40(3), pp.469–484.

Spence, C., Velasco, C., and Knoeferle, K., 2014. A large sample study on the influence of the multisensory environment on the wine drinking experience. *Flavour*, 3(8), pp.1–12.

Stevenson, R. J. and Wilson, D. A., 2007. Odour perception: An object-recognition approach. *Perception*, 36(12), pp.1821–1833.

Weiskrantz, L., Warrington, E. K., Sanders, M. D., and Marshall, J., 1974. Visual capacity in the hemianopic field following a restricted occipital ablation. *Brain*, 97(1), pp.709–728.

Chapter 4

Benkwitz, F., Nicolau, L., Beresford, M., Wohlers, M., Lund, C., and Kilmartin, P. A., 2012. Evaluation of key odorants in Sauvignon blanc wines using three different methodologies. *Journal of Agricultural and Food Chemistry*, 60(25), pp.6293–6302.

Benkwitz, F., Tominaga, T., Kilmartin, P. A., Lund, C., Wohlers, M., and Nicolau, L., 2011. Identifying the chemical composition related to the distinct flavor characteristics of New Zealand Sauvignon blanc wines. *American Journal of Enology and Viticulture*, pp.ajev–2011.

Escudero, A., Campo, E., Fariña, L., Cacho, J., and Ferreira, V., 2007. Analytical characterization of the aroma of five premium red wines. Insights into the role of odor families and the concept of fruitiness of wines. *Journal of Agricultural and Food Chemistry*, 55(11), pp.4501–4510.

King, E. S., Dunn, R. L., and Heymann, H., 2013. The influence of alcohol on the sensory perception of red wines. *Food Quality and Preference*, 28, pp.235–243.

Meillon, S., Dugas, V., Urbano, C., and Schlich, P., 2010. Preference and acceptability of partially dealcoholized white and red wines by consumers and professionals. *American Journal of Enology and Viticulture*, 61, pp.42–52.

Sáenz-Navajas, M. P., Campo, E., Culleré, L., Fernández-Zurbano, P., Valentin, D., and Ferreira, V., 2010. Effects of the nonvolatile matrix on the aroma perception of wine. *Journal of Agricultural and Food Chemistry*, 58(9), pp.5574–5585.

Whiton, R. S., and Zoecklein, B. W., 2000. Optimization of headspace solid-phase microextraction for analysis of wine aroma compounds. *American Journal of Enology and Viticulture*, 51, pp.379–382.

Chapter 5

Bajec, M. R. and Pickering, G. J., 2008. Thermal taste, PROP responsiveness, and perception of oral sensations. *Physiology & Behavior*, 95(4), pp.581–590.

Ballester, J., Patris, B., Symoneaux, R., and Valentin, D., 2008. Conceptual vs. perceptual wine spaces: Does expertise matter? *Food Quality and Preference*, 19(3), pp.267–276.

Bartoshuk, L. M., 2000. Comparing sensory experiences across individuals: Recent psychophysical advances illuminate genetic variation in taste perception. *Chemical Senses*, 25(4), pp.447–460.

Ericsson, K. A., Krampe, R. T., and Tesch-Römer, C., 1993. The role of deliberate practice in the acquisition of expert performance. *Psychological Review*, 100(3), p.363.

Hayes, J.E., Bartoshuk, L. M., Kidd, J. R., and Duffy, V. B., 2008. Supertasting and PROP bitterness depends on more than the TAS2R38 gene. *Chemical Senses*, 33(3), pp.255–265.

Hoover, K. C., Gokcumen, O., Qureshy, Z., Bruguera, E., Savangsuksa, A., Cobb, M., and Matsunami, H., 2015. Global survey of variation in a human olfactory receptor gene reveals signatures of non-neutral evolution. *Chemical Senses*, 40, pp.481–488.

Logan, D. W., 2014. Do you smell what I smell? Genetic variation in olfactory perception. *Biochemical Society Transactions*, 42(4), pp.861–865.

Macnamara, B. N., Hambrick, D. Z., and Oswald, F. L., 2014. Deliberate practice and performance in music, games, sports, education, and professions: A meta-analysis. *Psychological Science*, 25(8), pp.1608–1618.

Mauer, L., 2011. Genetic determinants of cilantro preference. (Doctoral dissertation.)

Parr, W. V., Green, J. A., White, K. G., and Sherlock, R. R., 2007. The distinctive flavour of New Zealand Sauvignon blanc: Sensory characterisation by wine professionals. *Food Quality and Preference*, 18(6), pp.849–861.

Pickering, G. J., Simunkova, K., and DiBattista, D., 2004. Intensity of taste and astringency sensations elicited by red wines is associated with sensitivity to PROP (6-n-propylthiouracil). *Food Quality and Preference*, 15(2), pp.147–154.

Sáenz-Navajas, M. P., Ballester, J., Pêcher, C., Peyron, D., and Valentin, D., 2013. Sensory drivers of intrinsic quality of red wines: Effect of culture and level of expertise. *Food Research International*, 54(2), pp.1506–1518.

Tempere, S., Cuzange, E., Malak, J., Bougeant, J. C., de Revel, G., and Sicard, G., 2011. The training level of experts influences their detection thresholds for key wine compounds. *Chemosensory Perception*, 4(3), pp.99–115.

Wysocki, C. J., Dorries, K. M., and Beauchamp, G. K., 1989. Ability to perceive androstenone can be acquired by ostensibly anosmic people. *Proceedings of the National Academy of Sciences*, 86(20), pp.7976–7978.

Chapter 6

Chrea, C., Valentin, D., Sulmont-Rossé, C., Nguyen, D. H., and Abdi, H., 2005. Semantic, typicality, and odor representation: A cross-cultural study. *Chemical Senses*, 30(1), pp.37–49.

Delplanque, S., Coppin, G., Bloesch, L., Cayeux, I., and Sander, D., 2015. The
mere exposure effect depends on an odor's initial pleasantness. *Frontiers in Psychology*, 6.

Dilworth, J., 2008. Mmmm... not aha! Imaginative vs. analytical experiences of wine. *Wine and Philosophy*, Allhoff, F. ed., 2009, pp.81–94.

Grabenhorst, F., Rolls, E. T., Margot, C., da Silva, M. A., and Velazco, M. I., 2007. How pleasant and unpleasant stimuli combine in different brain regions: Odor mixtures. *The Journal of Neuroscience*, 27(49), pp.13532–13540.

Hodgson, R. T., 2008. An examination of judge reliability at a major US wine competition. *Journal of Wine Economics*, 3(02), pp.105–113.

Prescott, J., Kim, H., and Kim, K. O., 2008. Cognitive mediation of hedonic changes to odors following exposure. *Chemosensory Perception*, 1(1), pp.2–8.

Chapter 7

Blakemore, S. J., Wolpert, D., and Frith, C., 2000. Why can't you tickle yourself? *Neuroreport*, 11(11), pp.R11–R16.

Libet, B., Gleason, C. A., Wright, E. W., and Pearl, D. K., 1983. Time of conscious intention to act in relation to onset of cerebral activity (readiness-potential). *Brain*, 106(3), pp.623–642.

Saygin, A. P., Chaminade, T., Ishiguro, H., Driver, J., and Frith, C., 2012. The thing that should not be: predictive coding and the uncanny valley in perceiving human and humanoid robot actions. *Social Cognitive and Affective Neuroscience*, 7(4), pp.413–422.

Chapter 8

Caballero, R., 2009. Cutting across the senses: Imagery in winespeak and audiovisual promotion. *Multimodal Metaphor*, 11, p.73.

Lehrer, K. and Lehrer, A., 2008. Winespeak or critical communication? Why people talk about wine. *Wine and Philosophy*, Allhoff, F. ed., 2009, pp.111–122.

Majid, A. and Burenhult, N., 2014. Odors are expressible in language, as long as you speak the right language. *Cognition*, 130(2), pp.266–270.

Negro, I., 2012. Wine discourse in the French language. *RAEL: revista electrónica de lingüística aplicada*, 11, pp.1–12.

Olofsson, J. K. and Gottfried, J. A., 2015. The muted sense: Neurocognitive limitations of olfactory language. *Trends in Cognitive Sciences*, 19(6), pp.314–321.

Olofsson, J. K., Hurley, R. S., Bowman, N. E., Bao, X., Mesulam, M. M., and Gottfried, J. A., 2014. A designated odor–language integration system in the human brain. *The Journal of Neuroscience*, 34(45), pp.14864–14873.

Suárez Toste, E., 2007. Metaphor inside the wine cellar: On the ubiquity of personification schemas in winespeak. *Metaphorik. de*, 12(1), pp.53–64.

Wnuk, E. and Majid, A., 2014. Revisiting the limits of language: The odor lexicon of Maniq. *Cognition*, 131(1), pp.125–138.

Chapter 9

Shapin, S., 2012. The tastes of wine: Towards a cultural history. *Rivista di estetica*, 51(3), pp.49–94.

Shepherd, G. M., 2015. Neuroenology: How the brain creates the taste of wine. *Flavour*, 4(19).

Smith, B., 2012. Perspective: Complexities of flavour. *Nature*, 486(7403), pp.S6–S6.

Chapter 10

Kieran, M., 2008. Why ideal critics are not ideal: Aesthetic character, motivation, and value. *The British Journal of Aesthetics*, 48(3), pp.278–294.

Raven, F., 2005. Are supertasters good candidates for being Humean ideal critics? *Contemporary Aesthetics*, 3.

Valentin, D., Parr, W. V., Peyron, D., Grose, C., and Ballester, J., 2016. Colour as a driver of Pinor noir wine quality judgments: An investigation involving French and New Zealand wine professionals. *Food Quality Preference*, 48, pp. 251–261.

あとがき

　本書のような書籍が実を結ぶまでには、とても長い時間がかかる。突き止めたいテーマを掘り下げては発見があり、仲間と議論を繰り返すという経過をたどるからだ。その間、お世話になったすべての人の名前を挙げると、ここにはとても収まりきらない。載せ忘れてしまう人も出てくると思う。一人一人の名前は挙げないが、私に自分の考えを教えてくれたり、私の馬鹿げた考えに耳を傾けてくれたり、時に電話やメールで忍耐強く丁寧に答えていただいた、寛大かつ分かち合いの精神をもつ科学者、ワイン醸造家、企画編集者、ワイン業界関係者、ワインライター仲間の方々にお礼を申し上げたい。ヒラリー・ラムズデンには本書の企画から助けてもらった。彼女がミッチェル・ビーズリー社に勤務していたとき、私の最初のワイン科学の本（もう10年以上前になる）の執筆を勧めてもらってからの付き合いだ。また、博士課程の3年間、研究室で科学をじかに学ぶ機会を与えてくれた指導教官トニー・スタッド博士、15年にわたり編集者として働いたチバ（後のノバルティス）財団の同僚たちにも感謝を申し上げる。チバ財団には世界各地の優秀な研究者が集まっていた。本書で紹介した話題の多くは、この時に始まっていた。トップクラスの研究者の議論を横で聞く機会は、多くの種子を蒔くこととなった。本書ではたくさんの人の言葉を借りたが、特にバリー・スミス教授とオレ・マーティン・スキレアス教授の2人は、惜しむことなく力を貸してくれた。この上なく効率的に進行管理してくれたソフィー・ブラックマンにも心から感謝する。最後にHHにもお礼を伝えたい。本書はダニーとルイスに捧げる。

訳者

伊藤伸子

（翻訳協力：村松静枝、千葉啓恵、株式会社トランネット）

ブックデザイン　セキネシンイチ制作室

ワインの味の科学

2018年　1月31日　初版第1刷発行

著　者　　ジェイミー・グッド

発行者　　澤井聖一

発行所　　株式会社エクスナレッジ

　　　　　〒106-0032 東京都港区六本木7-2-26

編　集　　Tel：03-3403-5898／FAX：03-3403-0582

　　　　　mail:info@xknowledge.co.jp

販　売　　Tel：03-3403-1321／FAX：03-3403-1829